中等职业学校机械类专业通用

技工院校机械类专业通用（中级技能层级）

机械基础（彩色版）（第二版）习题册

邵明玲　主编

中国劳动社会保障出版社

简介

本书是中等职业学校机械类专业通用教材 / 技工院校机械类专业通用教材（中级技能层级）《机械基础》（彩色版）（第二版）的配套用书，并按其章节顺序编写，分为"学习引导""课堂练习""学习巩固"三部分，对于课堂教学和课后巩固知识具有较好的作用。

"学习引导"通过精心设计的具有趣味性的题目引导学生在课前思考相关问题，提高学生的学习兴趣；"课堂练习"精心设计了简单而具有概括性的问题，帮助学生掌握所学内容；"学习巩固"通过选择题、判断题、填空题、简答题、计算题等多种题型来巩固所学知识。

本书由邵明玲任主编，刘永强、刘斌、赵玉江参加编写，崔兆华任主审。

图书在版编目（CIP）数据

机械基础（彩色版）（第二版）习题册 / 邵明玲主编．-- 北京：中国劳动社会保障出版社，2024.（中等职业学校机械类专业通用）（技工院校机械类专业通用：中级技能层级）．-- ISBN 978-7-5167-6771-9

Ⅰ. TH11-44

中国国家版本馆 CIP 数据核字第 20247ZL974 号

中国劳动社会保障出版社出版发行

（北京市惠新东街 1 号　邮政编码：100029）

*

北京昌联印刷有限公司印刷装订　　新华书店经销

787 毫米 ×1092 毫米　16 开本　8.5 印张　200 千字

2024 年 11 月第 1 版　　2025 年 8 月第 2 次印刷

定价：17.00 元

营销中心电话：400-606-6496

出版社网址：https://www.class.com.cn

https://jg.class.com.cn

目 录

绪　论

课堂练习

1．根据机器与机构的定义判别图 0–1 中哪个是机器、哪个是机构，并说明理由。

a)

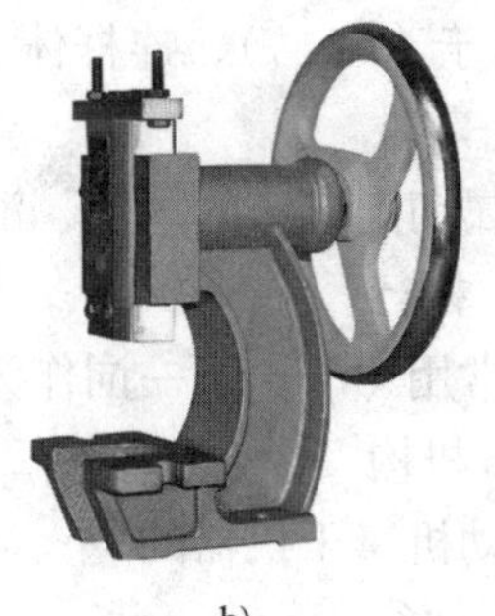

b)

图 0–1

a）CA6140 型机床　b）手动冲床

2．根据零件与构件的定义判别图 0–2 中哪些是零件、哪些是构件，并说明理由。

a)

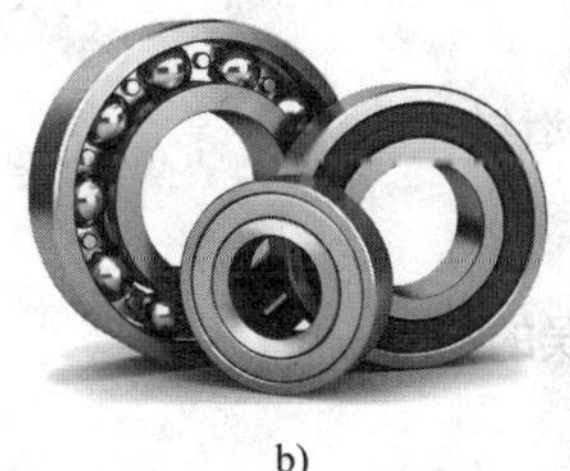

b)

c)

图 0–2

a）千斤顶　b）轴承　c）双联齿轮

学习巩固

一、选择题（将正确答案的代号填写在括号内）

1.（　　）是用来变换或传递能量、物料与信息，以代替或减轻人类劳动的装置。

A. 机器　　B. 机构　　C. 构件

2. 下列装置中，属于机器的是（　　）。

A. 内燃机

B. 家用缝纫机中的脚踏板部分

C. 洗衣机中的带传动

3. 在内燃机曲柄滑块机构中，连杆是由连杆体、连杆盖、螺栓以及螺母等组成的。其中，连杆属于（　　），连杆体、连杆盖属于（　　）。

A. 零件　　B. 机构　　C. 构件

4. 金属切削机床的主轴、滑板属于机器的（　　）部分。

A. 执行　　B. 传动　　C. 动力

5. 通常用（　　）一词作为机构和机器的总称。

A. 机构　　B. 机器　　C. 机械

6. 电动机属于机器的（　　）部分。

A. 执行　　B. 传动　　C. 动力

7. 机构和机器的本质区别在于（　　）。

A. 是否做功或实现能量转换

B. 是否由许多构件组合而成

C. 各构件间是否产生相对运动

8. 下列摩擦形式中，既是滑动摩擦又是外摩擦的是（　　）。

A. 带与带轮间的摩擦

B. 深沟球轴承中滚动体与内、外圈间的摩擦

C. 液体流动时分子之间的摩擦

9. 下列活动中，其目的是减小摩擦的是（　　）。

A. 跑步时穿上钉鞋

B. 雪地行车时，车轮上加装防滑链

C. 丝杠、螺母间加注润滑油

二、判断题（正确的打“√”，错误的打“×”）

1. 机构可以用于做功或转换能量。（　　）

2. 构件都是由若干个零件组成的。（　　）

3. 构件是运动的单元，而零件是制造的单元。（　　）

4. 机构就是具有确定相对运动构件的组合。（　　）

5. 如果不考虑做功或实现能量转换，只从结构和运动的角度来看，机构和机器之间是没有区别的。（　　）

6．门与门框之间的摩擦是滚动摩擦。（ ）

7．齿轮传动中，加注润滑油的目的是减小摩擦。（ ）

三、填空题（将正确答案填写在横线上）

1．机器一般由________、________、________和________组成。

2．零件是机器及各种设备的________。

3．摩擦按运动形式可分为________和________；按运动状态可分为________和________；按发生物体可分为________和________。

4．机械零件的结构工艺性应从选材、________、________和________以及维修保养等几个环节加以综合考虑。

四、术语解释

1．机器

2．承载能力

3．摩擦

五、简答题

1．结合实际，谈谈日常生产、生活用品中有哪些属于机械、机器、机构、构件和零件。

2. 很久以前，我们的祖先就学会了钻木取火，其利用的原理就是摩擦生热。摩擦是自然界普遍存在的现象，我们身边有哪些场合应用了摩擦？

第1章　杆件的静力分析

§1-1　力的概念与基本性质

学习引导

走路累了的时候我们经常会说“没力了”，那“力”到底是什么？如图1-1-1所示，在划船时船桨向后划，船却往前走，这是为什么？热气球又是如何把汽车吊起来的？要回答这些问题，就要把本节内容学好，看看力是如何定义的，它有哪些基本性质。

a)

b)

图1-1-1
a）划船　b）热气球吊汽车

课堂练习

1. 书中“巧拆锈死螺母”的方法应用了力的什么原理？在日常生活中，还有哪些巧拆锈死螺母的方法？

2. 试用作用与反作用公理简述火箭升天的方法。

学习巩固

一、选择题（将正确答案的代号填写在括号内）

1. 关于力和物体的关系，下列说法中正确的是（　　）。

A. 力不能脱离物体而独立存在

B. 一般情况下，力不能脱离物体而独立存在

C. 力可以脱离物体而独立存在

2. 作用于刚体上的三个力 $\boldsymbol{F}_1$、$\boldsymbol{F}_2$、$\boldsymbol{F}_3$ 大小均不等于零，其中 $\boldsymbol{F}_1$ 和 $\boldsymbol{F}_2$ 沿同一作用线，则刚体处于（　　）。

A. 平衡状态　　B. 不平衡状态

C. 可能平衡，也可能不平衡状态

二、判断题（正确的打“√”，错误的打“×”）

1. 力的三要素中只要有一个要素不改变，则力对物体的作用效果就不变。（　　）

2. 凡是处于平衡状态的物体，相对于地球都是静止的。（　　）

3. 同一平面内作用线汇交于一点的三个力一定平衡。（　　）

4. 作用与反作用公理表明了力是两个物体间的相互作用，确定了力在物体间的传递关系。（　　）

5. 利用平行四边形公理可将作用于物体同一点的两个力合成为一个合力。（　　）

三、填空题（将正确答案填写在横线上）

1. 作用在刚体上的两个力平衡的充分且必要条件是两个力的大小________、方向________，且作用在__________________。

2. 在力的作用下__________和__________都保持不变的物体称为刚体。

四、简答题

1. 在拔河比赛时，大家都要尽可能地站在一条直线上，而且要尽可能地向同一个方向用力，这是为什么呢？请用力的概念和性质加以解释。

2. 为什么二力平衡公理只适用于刚体？请举出反例加以说明。

§1-2　力矩、力偶、力的平移

学习引导

日常生活中，我们利用撬杠能移动徒手移不动的物体（见图 1-2-1a），就如阿基米德所说：给我一个合适的支点和一根足够长的杠杆，我能撬动整个地球。在汽车修理厂，我们经常会看到修车师傅用扳手轻松地拧动汽车轮胎上的螺母，如图 1-2-1b 所示。这些都是力矩和力偶的应用，希望大家学习完本节内容后能解释这些现象。

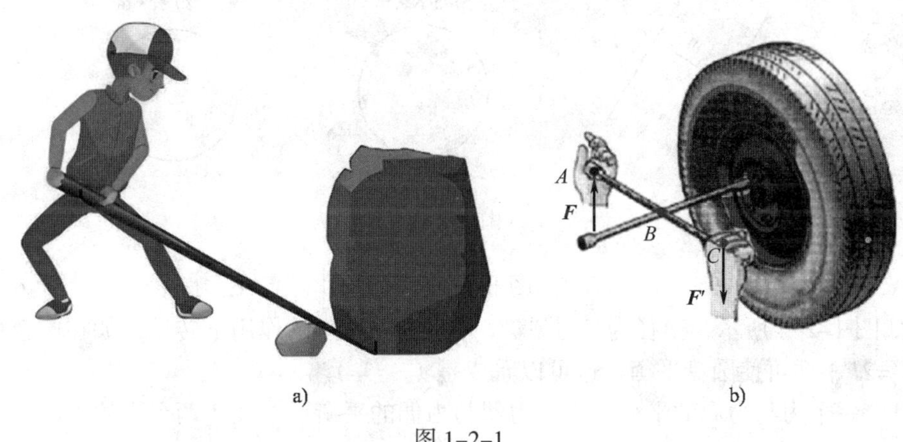

图 1-2-1

课堂练习

为什么要把图 1-2-2 中管钳的手柄做得那么长？其理论依据是什么？

图 1-2-2

学习巩固

一、选择题（将正确答案的代号填写在括号内）

1. 力矩不为零的条件是（　　）。

A. 作用力不等于零

B. 力的作用线不通过矩心

C. 作用力和力臂均不等于零

2. 如图 1–2–3 所示的各组力偶中，属于等效力偶组的是（　　）。

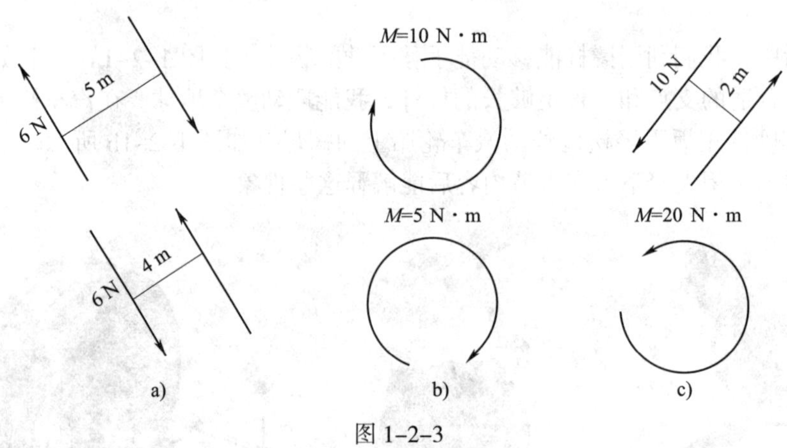

图 1–2–3

A. 图 a　　　　B. 图 b　　　　C. 图 c

3. 如图 1–2–4 所示，半径为 r 的圆盘，在力偶 $M=Fr$ 的作用下转动，如在圆盘的 $r/2$ 处加一力 $F'=2F$，便可使圆盘平衡。这可以看成是（　　）。

A. 一个力与力偶的平衡　　B. 力偶与力偶的平衡　　C. 两个力的平衡

二、判断题（正确的打"√"，错误的打"×"）

1. 同时改变力偶系中力的大小和力偶臂的长短，而不改变力偶的转向，力偶对物体的作用效果就一定不会改变。（　　）

2. 力偶矩的大小和转向决定了力偶对物体的作用效果，而与矩心的位置无关。（　　）

3. 如图 1–2–5 所示，刚体受两力偶（$\boldsymbol{F}_1$，$\boldsymbol{F}'_1$）和（$\boldsymbol{F}_2$，$\boldsymbol{F}'_2$）作用，其力的多边形恰好闭合，所以刚体处于平衡状态。（　　）

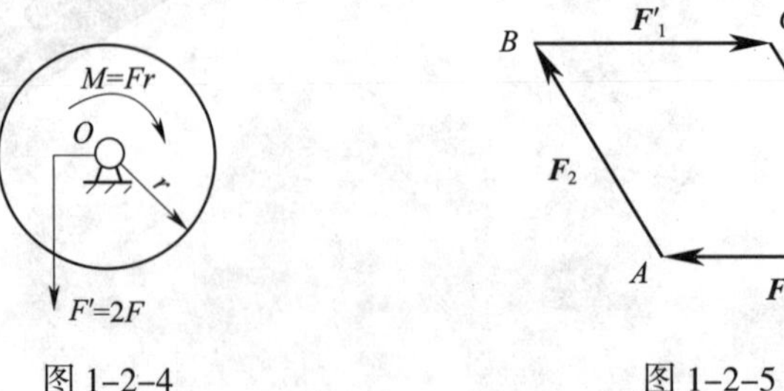

图 1–2–4　　　　图 1–2–5

4．作用于刚体上的力，其作用线可在刚体上任意平行移动，而作用效果不变。（　　）

三、填空题（将正确答案填写在横线上）

1．绕定点转动物体的平衡条件是：各力对转动中心 O 点的矩的代数和__________。用公式表示为______________________。

2．力矩的大小等于____________和____________的乘积，通常规定力使物体绕矩心__________转动时，力矩为正；反之为负。力矩以符号__________表示，力矩的单位是______________。

3．由合力矩定理可知，平面________力系的________对平面内任意一点的矩，等于力系中___________对同一点力矩的____________。

4．大小_________、方向_________且作用线_________的平行力称为力偶。

5．在平面问题中，力偶对物体的作用效果，以________________和____________的乘积来度量，这个乘积称为_________，用____________来表示。

6．力的平移定理表明，若将作用在刚体某点上的力平移到刚体上任意点，而不改变原力对刚体的作用效果，则必须附加一个力偶，其力偶矩等于______________________________。

四、计算题

1．计算图 1–2–6 中力 $\boldsymbol{F}$ 对 B 点的矩，已知 F=50N，l_a=0.6 m，α=30°。

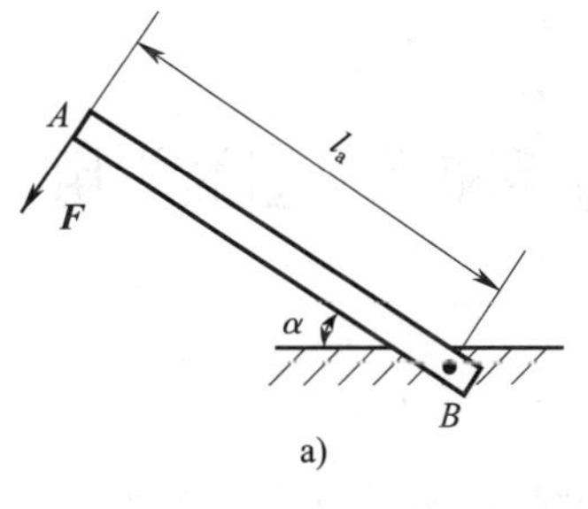

图 1–2–6

2．在图 1–2–7 所示的矩形板 $ABCD$ 中，AB=100 mm，BC=80 mm，若力 F=10 N，α=30°。试分别计算力 $\boldsymbol{F}$ 对 A、B、C、D 点的矩。

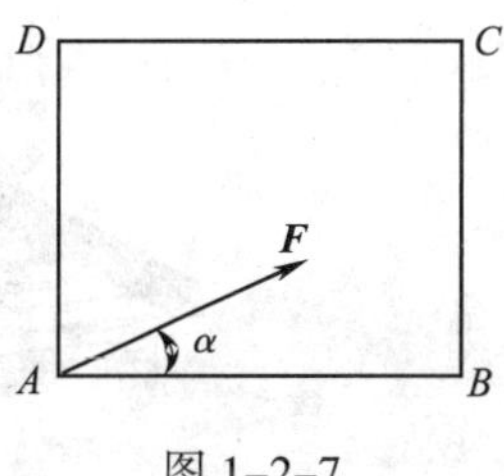

图 1–2–7

3．起重绞车的鼓轮轴示意图如图 1-2-8 所示，齿轮所受推力 F=5 kN，与水平线夹角 α=20°，齿轮节圆直径 D=600 mm，鼓轮直径 d=200 mm。试求匀速转动时起重载荷 $\boldsymbol{G}$ 的大小。

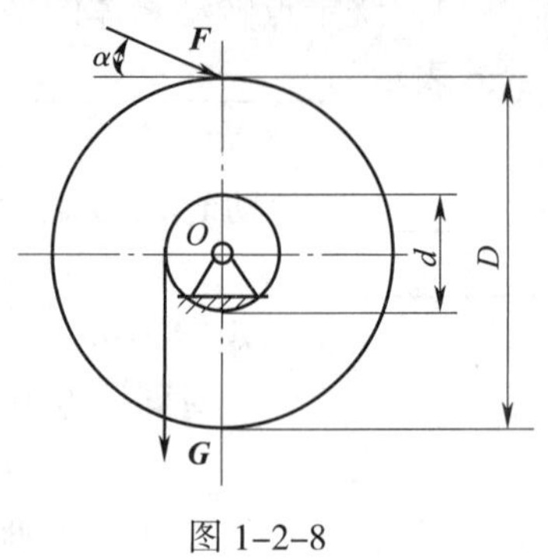

图 1-2-8

§1-3 约束、约束力、力系和受力图的应用

学习引导

俗话说“没有规矩不成方圆”，规矩就是一种约束，约束规范了我们的日常行为，而在工程中也需要对物体及其运动进行约束，以达到特定的要求。如图 1-3-1 所示，高铁轨道是一种约束，规定了高铁的运动轨迹；在放风筝的过程中，风筝线就是对风筝的一个约束。在我们身边还有哪些类似的例子？

a)

b)

图 1-3-1

课堂练习

指出并改正图 1–3–2 所示球体受力图中的错误。

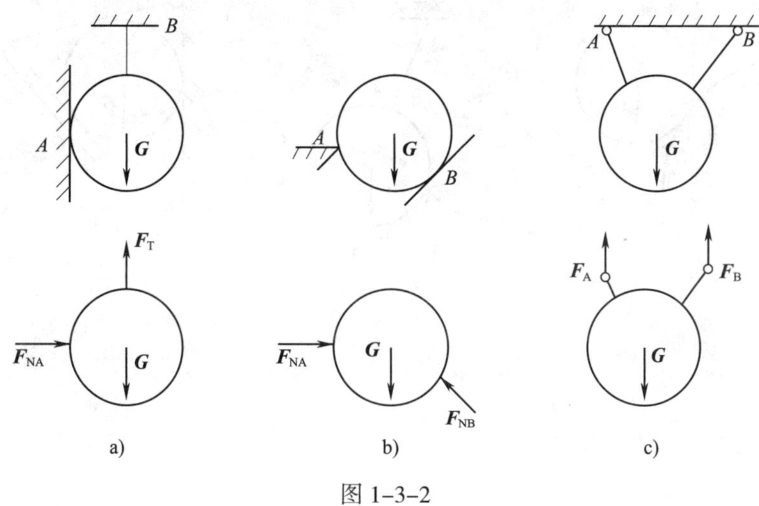

图 1–3–2

学习巩固

一、判断题（正确的打“√”，错误的打“×”）

1．约束力方向背离被约束物体的约束一定是柔索约束。（　　）

2．约束力方向指向被约束物体的约束一定是光滑接触面约束。（　　）

3．固定铰链支座约束和活动铰链支座约束的约束力作用线必定通过铰链中心。（　　）

二、填空题（将正确答案填写在横线上）

1．对非自由物体的__________称为约束。当物体沿约束所能限制的方向有运动趋势时，约束为了________物体的运动，必然对物体产生力的作用，这种力称为__________。

2．约束力方向可以确定的约束有____________约束和____________约束。

3．约束力方位可以确定的约束有______________约束。

4．约束力方向不能直接确定的约束有____________约束、____________约束和固定端约束。

5．______________的物体，称为隔离体。画有隔离体及其所受的全部主动力和________的图，称为____________。

6．作用在物体上的所有的力称为________。

三、作图题

1. 画出图 1–3–3 所示各球体的受力图。

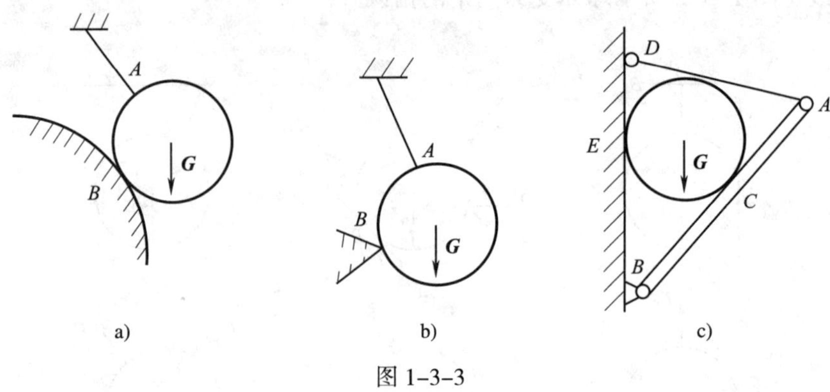

图 1–3–3

2. 如图 1–3–4 所示，*A*、*B*、*C* 均为铰链连接，在铰链销钉 *B* 上悬挂重物的重力为 $\boldsymbol{G}$。若不计各杆自重，试分别画出杆 *AB*、*BC* 和销钉 *B* 的受力图。

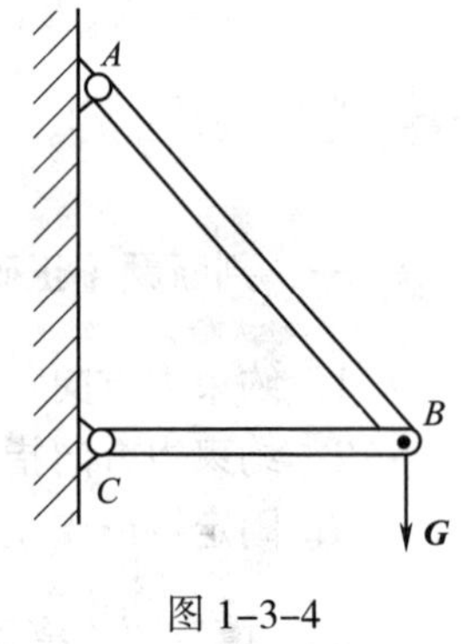

图 1–3–4

3. 如图 1–3–5 所示，水平梁 *AB* 两端由固定铰链支座和活动铰链支座支承，在 *C* 处作用一力 $\boldsymbol{F}$。若不计梁重，试画出梁 *AB* 的受力图。

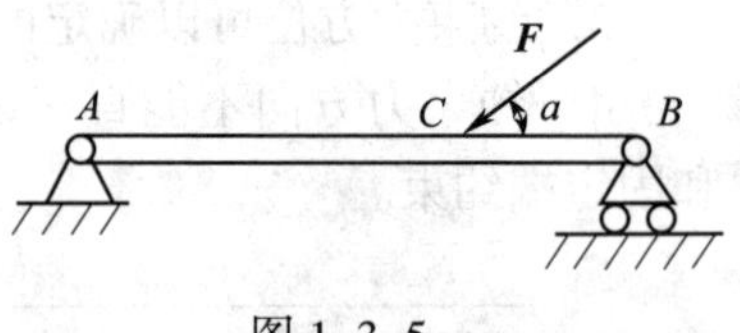

图 1–3–5

4．如图 1–3–6 所示，梁 A 端为固定铰链支座，B 端用绳索吊起，梁中间装有一定滑轮（以销钉 O 连接），吊重物的绳索通过定滑轮系于墙上。若不计各处摩擦，试画出梁 AB 和定滑轮的受力图。

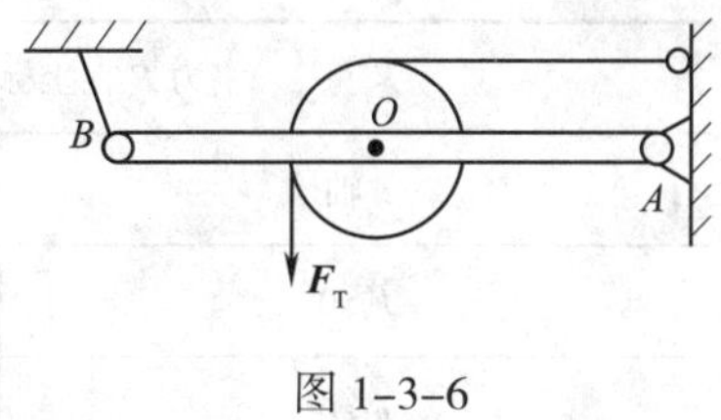

图 1–3–6

5．图 1–3–7 所示为两个夹紧装置，当拧紧图 a 中的螺栓和图 b 中的螺母时，压板便可压紧工件。试分别画出两块压板的受力图（不计摩擦）。

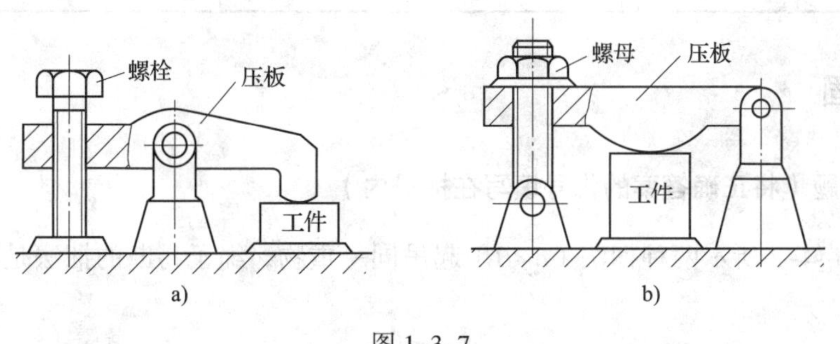

图 1–3–7

§1–4　平面力系的平衡方程及应用

学习引导

在工程中一个物体往往受到不止一个力的作用，我们把这些力看成一个系统，将它作为研究对象，看它的合力效果。如图 1–4–1 所示，斜拉索桥采用多条钢索以增强桥梁的强度。你还能举出类似的实例吗？

图 1–4–1

课堂练习

已知力 $\boldsymbol{F}$ 在 x 轴和 y 轴上的投影，试将力 $\boldsymbol{F}$ 的指向填在下表中。

力 $\boldsymbol{F}$ 在坐标轴上的投影		力 $\boldsymbol{F}$ 的指向
x 轴	y 轴	
$F_x>0$	$F_y>0$	指向右上方
$F_x<0$	$F_y=0$	
$F_x>0$	$F_y<0$	
$F_x=0$	$F_y>0$	

学习巩固

一、选择题（将正确答案的代号填写在括号内）

1．按图 1–4–2 所示两种捆法（$\alpha<\beta$）起吊同一重物，绳子易断的捆法是图（　　）所示捆法。

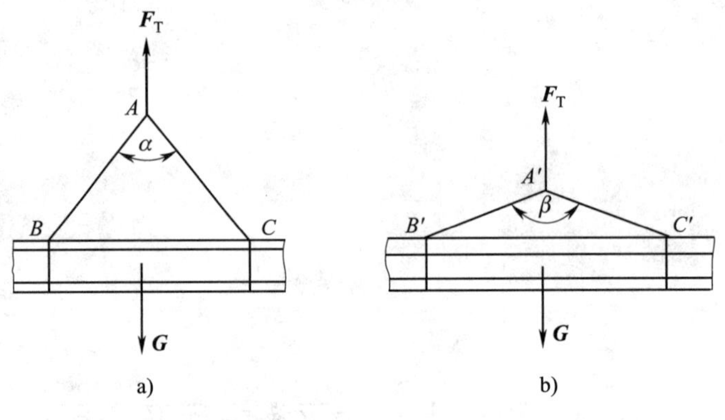

图 1–4–2

A．a　　　　B．b

2．如图 1–4–3 所示，a 杆（AC）、b 杆（AB）铰接于 A，另一端分别铰接于墙壁 C、B 处。设 $\alpha=30°$，$\beta=45°$，下列两种情况下，受力大的杆分别是左图的（　　）杆和右图的（　　）杆。

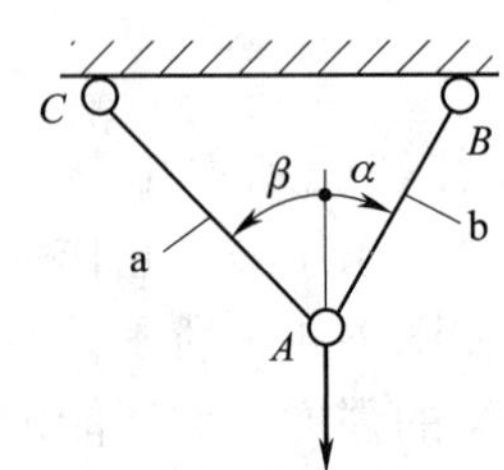

图 1–4–3

A．AC　　　　B．AB

3．在图 1–4–4 所示的两个力三角形中，图（　　）所示是平衡力系。

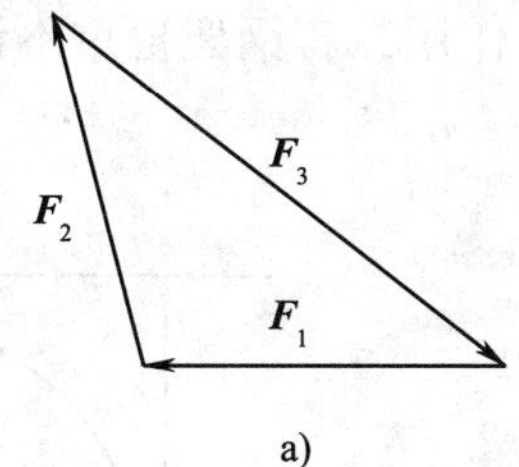

a)

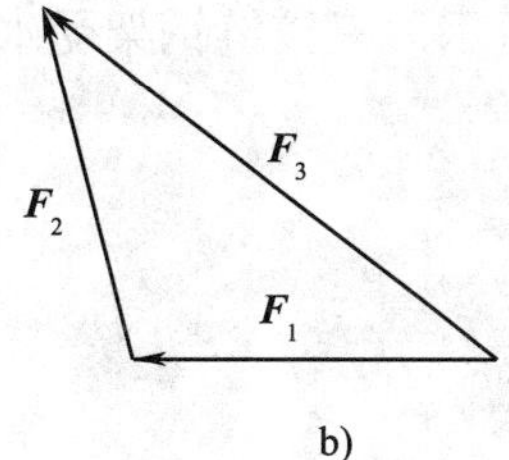

b)

图 1–4–4

A．a　　　　　　　　　B．b

二、判断题（正确的打“√”，错误的打“×”）

1．平面力系的合力一定大于任何一个分力。（　　）

2．力在垂直坐标轴上的投影的绝对值与该力的正交分力大小一定相等。（　　）

3．用解析法求平面力系的合力时，置平面直角坐标系于不同位置，合力的大小和方向都是相同的。（　　）

4．力系在平面内任意坐标轴上投影的代数和为零，则该力系一定是平衡力系。（　　）

三、计算题

1．用汽车起重机起吊 G=20 kN 的重物（不计起重机自重），如图 1–4–5 所示。求钢绳 AC 和悬臂 BC 所受的力。

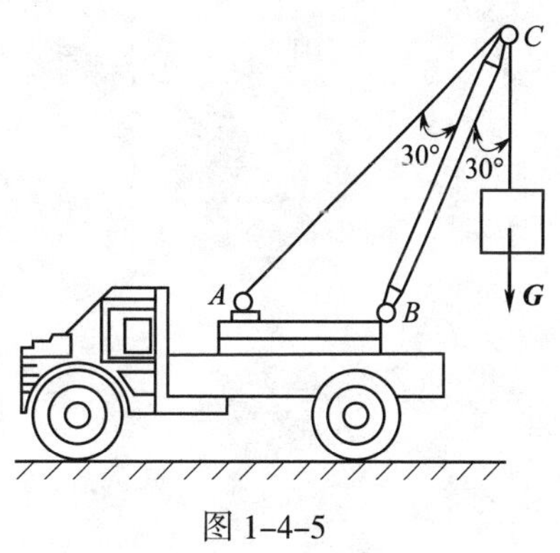

图 1–4–5

2．如图 1–4–6 所示，物重 G=20 kN，不计滑轮的大小，滑轮由两端铰接的杆件 AB 和 BC 支承，各杆自重不计。求杆 AB、BC 所受的力。

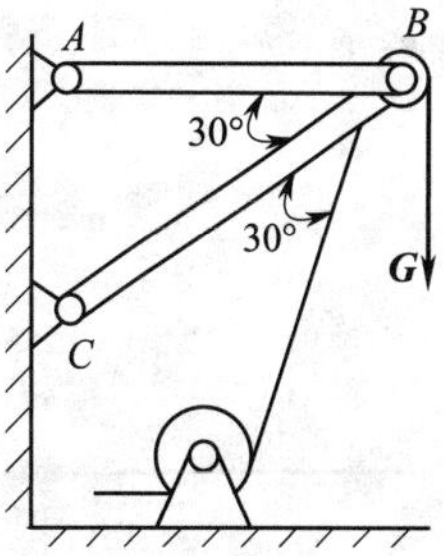

图 1–4–6

3．如图 1-4-7 所示，三铰链钢架受水平力 $\boldsymbol{F}$ 作用，若钢架自重不计，求支座 A 和 B 的约束力。

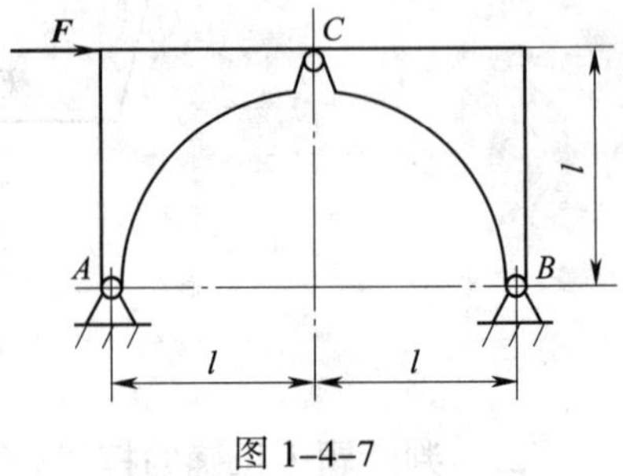

图 1-4-7

4．如图 1-4-8 所示，固定圆环受三条绳索的拉力作用，已知 F_1=2 kN，F_2=4 kN，F_3=3 kN，试用解析法求合力的大小。

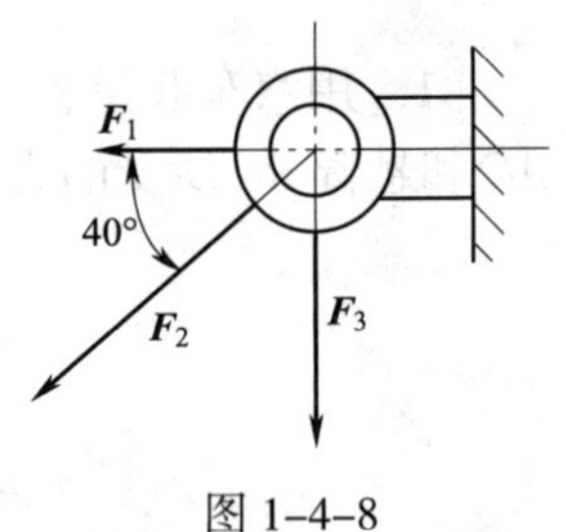

图 1-4-8

第2章　直杆的基本变形

§2-1　材料力学基础

学习引导

仔细观察教材中图2-1-1（用扁担抬水桶），试以扁担为分析对象，画出扁担的受力分析图。说说在画受力分析图的过程中做了哪些假设。为什么要做这些假设？

学习巩固

一、选择题（将正确答案的代号填写在括号内）

1．构件抵抗变形的能力称为（　　），抵抗破坏的能力称为（　　）。

A．强度　　B．刚度　　C．稳定性

D．弹性　　E．塑性

2．静力学中力的可传性原理和加减平衡力系公理，在材料力学中（　　），而作用与反作用力公理（　　）。

A．仍然适用　　B．已不适用　　C．无法确定

3．工程中通常不允许构件发生（　　）变形。

A．弹性　　B．塑性

C．任何　　D．小

4．材料的塑性变形是指（　　）。

（1）受力超过弹性极限的变形。

（2）受力后不能恢复原状的变形。

（3）撤销外力后残留的变形。

（4）撤销外力后消失的变形。

A.（1）和（3）　　B.（2）和（4）

C.（1）和（4）　　D.（2）和（3）

5．构件在外力作用下（　　）的能力称为稳定性。

A．不发生断裂　　B．维持原有平衡状态

C．不发生变形　　D．保持静止

6．本章的主要研究对象是（　　）。

A．刚体　　　　　　　　B．等直杆

C．静平衡物体　　　　　D．弹性体

7．在长度、受载和约束条件都不可变时，(　　)是提高钢质压杆稳定性的较好措施。

A．选择合理截面形状　　B．增大横截面面积

C．选用优质合金钢

二、填空题（将正确答案填写在横线上）

1．材料力学的研究模型为________、________、________和________。

2．杆件是__________尺寸远大于_________________尺寸的构件。

3．材料力学研究的对象是______________，它在载荷作用下将产生变形，故又称为__________。

4．变形固体的变形可分为________________和_____________。

5．构件安全工作的基本要求是：构件必须具有足够的强度、_________和_________。

6．杆件变形的基本形式有______________、______________、______________和______________。

7．吊车起吊重物时，钢丝绳的变形是_____________；汽车行驶时，传动轴的变形是_____________；教室中大梁的变形是_____________________；建筑物的立柱产生__________变形；螺旋千斤顶中的螺杆产生__________变形。

三、简答题

1．说明教材图 2–1–3 所示构件的强度要求。

2．材料力学的任务是什么？

§2-2　直杆轴向拉伸与压缩及应力分析

学习引导

1. 仔细观察图 2-2-1 所示起重机支腿，为什么下端承重面面积比支腿截面积大许多？请分析原因。

图 2-2-1

2. 在生活中，当我们用力拉断或折断一根杆件时，总能感觉到杆件里似乎有一股力量在“抵抗”我们的作用，这股“抵抗力”是从哪里来的呢？

课堂练习

1. 在材料的拉伸试验机上，观察试件（见图 2-2-2）将发生哪些变形及最先从哪个地方开始断裂，并分析原因。

图 2-2-2

2. 等截面直杆的受力情况如图 2-2-3 所示。试求各截面的内力，并指出最大内力所在位置。

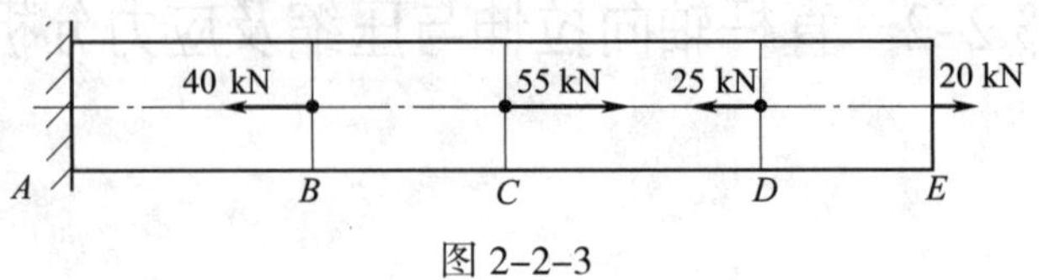

图 2-2-3

学习巩固

一、选择题（将正确答案的代号填写在括号内）

1. 如图 2-2-4 所示，各杆件中的 *AB* 段受拉伸的是图（　　）。

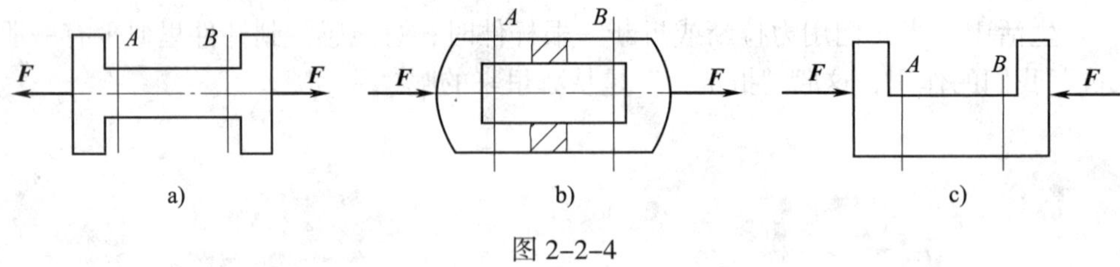

图 2-2-4

A. a　　　　B. b　　　　C. c

2. 如图 2-2-5 所示，各杆件中受拉伸的杆件是（　　），受压缩的杆件是（　　）。

A. *AB* 杆　　　　B. *BE* 杆

3. 如图 2-2-6 所示，*AB* 杆两端受大小为 *F* 的力的作用，则杆内截面上的内力大小为（　　）。

A. *F*　　　　B. *F*/2　　　　C. 0

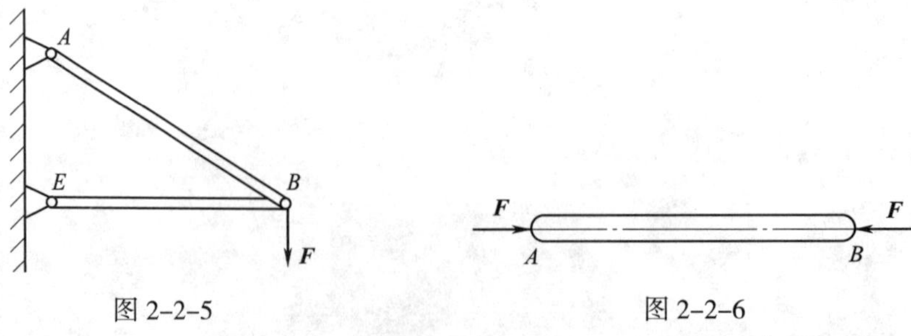

图 2-2-5　　　　图 2-2-6

4．如图 2-2-6 所示，杆内截面上的应力是（　　）。

A．拉应力　　B．压应力　　C．剪应力

5．如图 2-2-7 所示，若杆件横截面积为 A，则其杆内的应力值为（　　）。

A．F/A　　B．$F/(2A)$

C．0

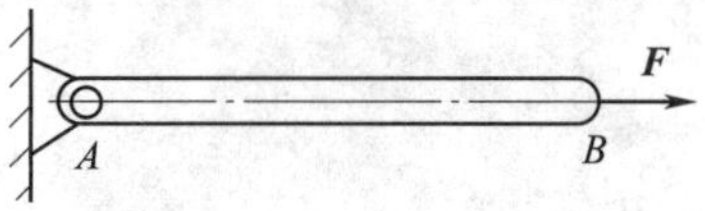

图 2-2-7

二、判断题（正确的打“√”，错误的打“×”）

1．轴向拉（压）时，杆件的内力必与杆件的轴线重合。（　　）

2．轴向拉（压）时，杆件的变形是沿轴线方向伸长或缩短的。（　　）

3．杆件的不同部位作用着若干个轴向外力，如果从杆件不同部位截开，所求得的轴力相同。（　　）

4．长度和截面积相同而材料不同的两根直杆受相同的轴向外力作用，则两杆的内力相同。（　　）

5．正应力是指垂直于杆件横截面的应力。（　　）

6．轴力是因外力而产生的，求轴力就是求外力。（　　）

7．截面法表明，只要将受力构件切断，即可观察到断面上的内力。（　　）

8．杆件受拉伸时，其绝对变形 ΔL 为负值。（　　）

9．杆件受压缩时，其线应变 ε 为负值。（　　）

三、填空题（将正确答案填写在横线上）

1．轴向拉伸或压缩的受力特点是：作用于杆件两端的外力__________、__________，作用线与杆件轴线________。外力的合力作用线与杆件轴线________。

2．轴向压缩的变形特点是：____。

3．构件在外力作用下，________________上的内力称为应力。

4．构件在受到轴向拉、压时，横截面上的内力是________，在同一个横截面上的内力值____________。

5．轴向拉、压时，由于应力与横截面__________，故称为____________，计算公式为____________，常用单位为________。

6．正应力的正负规定与________相同，即拉伸时的应力用________表示；压缩时的应力用________表示。

四、简答题

1．在日常生活中，哪些场合存在拉伸与压缩现象？哪些场合应避免拉伸与压缩现象的发生？

2．轴向拉伸和压缩变形具有哪些特点？

3．简述绝对变形与相对变形的区别与联系。

五、计算题

柴油机连杆螺栓的最小直径 d=8.5 mm，装配拧紧时产生的拉力 F=8.7 kN，如图 2–2–8 所示。试求螺栓最小截面上的正应力。

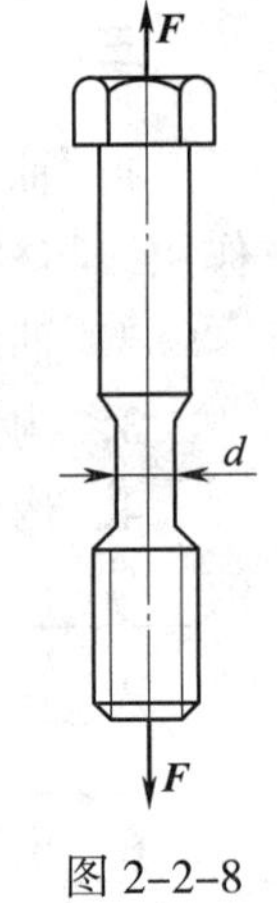

图 2–2–8

§2–3　材料的力学性能及安全校核

学习引导

1．仔细观察图 2–3–1，试说出图中的汽车和铁轨都发生了什么现象。这些现象是如何产生的？

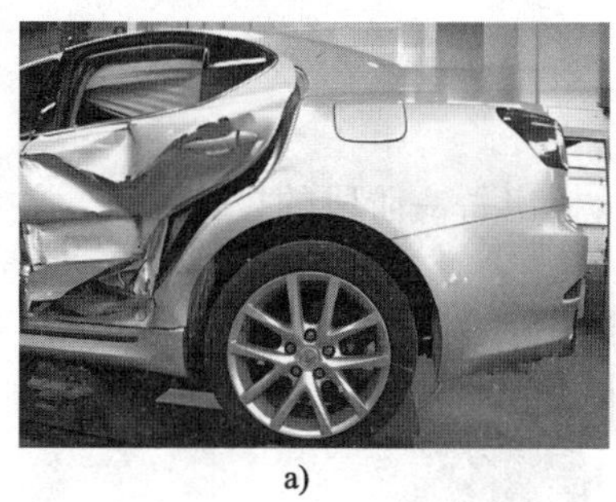

a)

b)

图 2-3-1

2．我们在路边或桥边经常能看到图 2-3-2 所示的标志，这是为保证安全设置的标志，它标明道路或者桥梁的最大载质量。同样，杆件在受到拉力或压力的作用时，也有一个最大承载能力，这个最大承载能力是如何得出的呢？请说说你的观点。

图 2-3-2

3．图 2-3-3a 所示为行驶中的火车轮轴在载荷作用下产生了弯曲变形，当轮轴转动时，其任意截面上的交变应力变化情况如图 2-3-3b 所示。在这种载荷作用下，机械零件往往容易发生没有明显预兆的变形断裂，这是为什么？

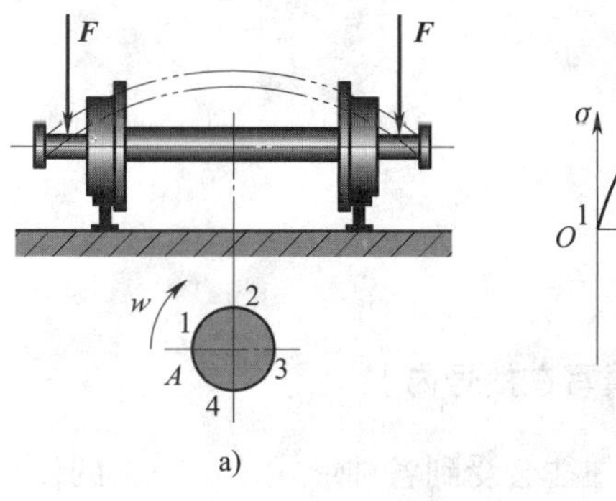

a)

σ 2 1 3 1 O t 4

b)

图 2-3-3

课堂练习

1．在图 2–3–4 所示拉伸时的应力 – 应变曲线图中，标出每一阶段的拉伸过程，并描述各阶段的变形特点。

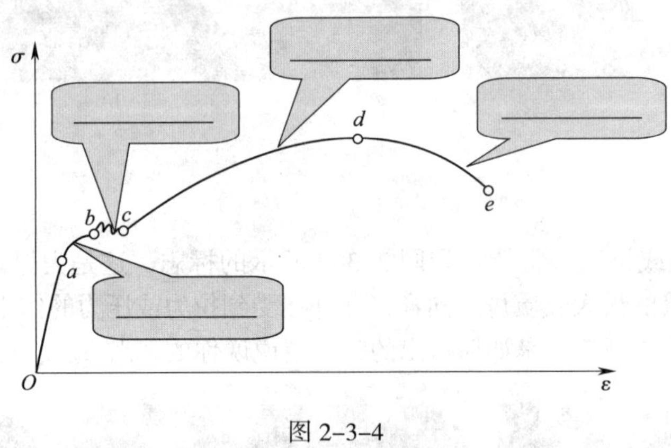

图 2–3–4

2．托架如图 2–3–5 所示，其中 AC 是圆钢杆，许用应力［σ］=160 MPa，BC 是方木杆，许用应力［σ］=4 MPa，F=60 kN。试选定圆钢杆的直径 d 及方木杆的方截面边长 b。

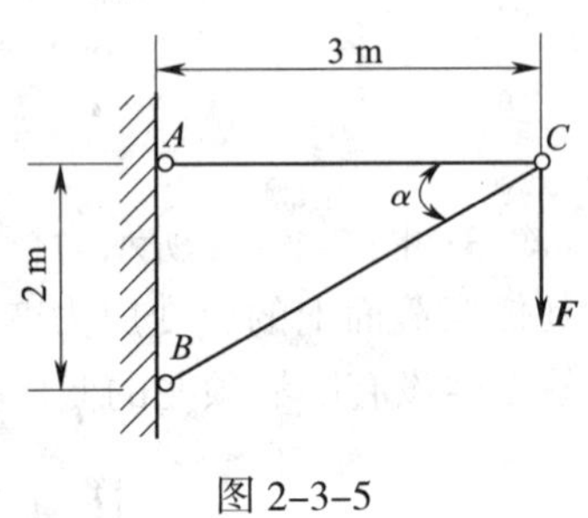

图 2–3–5

学习巩固

一、选择题（将正确答案的代号填写在括号内）

1．机械零件或工具在使用过程中往往会受到各种形式（　　）的作用。

A．内力　　B．外力　　C．拉力

2．（　　）表示材料在拉伸条件下发生塑性变形前所能承受的最大应力。

A．抗拉强度　　B．屈服强度　　C．抗扭强度

3．塑性指标是通过（　　）试验获得的。

A．拉伸　　B．压缩　　C．扭转

4．疲劳强度指标用疲劳极限来衡量，用（　　）表示。

A．R_{-1}　　B．R_1　　C．R_{-2}

5．机床刀具可以将工件表面的金属切削下来，说明刀具的硬度比工件的硬度（　　）。

A．高　　B．低　　C．无法衡量

6．构件的许用应力是保证构件安全工作的（　　）工作应力。

A．最高　　B．最低　　C．平均

7．为使材料有一定的强度储备，安全系数的取值应（　　）。

A．等于 1　　B．大于 1　　C．小于 1

8．按照强度条件，构件危险截面上的工作应力不应超过材料的（　　）。

A．许用应力　　B．极限应力　　C．破坏应力

9．拉（压）杆的危险截面（　　）是横截面积最小的截面。

A．一定　　B．不一定　　C．一定不

10．低碳钢等塑性材料的极限应力是材料的（　　）。

A．许用应力　　B．屈服强度　　C．抗拉强度

11．随时间做周期、规律性变化的应力称为（　　）。

A．静荷应力　　B．动荷应力　　C．交变应力

12．提高构件疲劳强度的主要措施是（　　）。

A．尽量减少应力集中，提高表面强度

B．选用高级合金钢

C．避免承受交变载荷

二、判断题（正确的打“√”，错误的打“×”）

1．当零件表面所受作用力不断加大时，零件将产生永久性变形，这种变形称为弹性变形。（　　）

2．塑性好的材料受力时要先发生弹性变形，然后才会断裂。（　　）

3．硬度是金属材料的一项非常重要的力学性能指标。（　　）

4．常用材料可分为塑性材料和脆性材料两大类。（　　）

5．硬度常用布氏硬度、洛氏硬度和维氏硬度来表示。（　　）

6．在构件强度计算中，只要工作应力不超过许用应力，构件就是安全的。（　　）

7．构件的工作应力可以和其极限应力相等。（　　）

8．构件上的应力集中部位很容易发生破坏。（　　）

三、填空题（将正确答案填写在横线上）

1．衡量金属材料在外力作用下所表现出的力学性能的指标有________、________、________以及冲击韧性和疲劳强度等。

2．衡量塑性材料强度的指标是________和________，它们都是通过________测定的。

3. 铸铁等脆性材料拉伸时的应力－应变曲线没有明显的________阶段和________阶段，在应力不大的情况下就突然断裂。

4. __________是衡量材料软硬程度的指标。

5. 采用__________热处理方法可以消除冷作硬化现象。

6. 工程上把材料丧失正常工作能力时的应力称为___________或___________，用符号________表示。对于塑性材料，危险应力为_____________；对于脆性材料，危险应力为_____________。

7. 构件正常工作是指不发生__________或__________。

8. 通常把材料的危险应力除以一个大于 1 的系数 n 作为材料的___________，用符号________表示，n 称为___________。

9. 构件的强度不够是指其工作应力________（大于，小于）构件材料的许用应力。

10. 通常工程材料丧失工作能力的情况是：塑性材料产生________________，脆性材料发生____________________。

11. 消除或改善________________是提高构件疲劳强度的主要措施。

12. 在交变应力下，构件内的最大应力虽远低于静载荷下的___________，甚至低于___________，但经过多次应力循环以后，即使是静载荷下________很好的材料，也可能发生____________，这种现象称为材料的疲劳破坏。

四、术语解释

1. 冷作硬化

2. 抗拉强度

五、简答题

1. 在工程中是怎样划分塑性材料和脆性材料的？举例说明。

2．衡量脆性材料强度的指标是什么？为什么？

3．安全系数能否小于或等于 1？取得过大或过小会引起怎样的后果？

4．简述交变应力与疲劳强度的概念，举例说明交变应力和疲劳强度的工程意义。

六、计算题

图 2–3–6 所示为铸造车间吊运铁水包的双套吊钩。吊钩杆部横截面为矩形，b=25 mm，h=50 mm；材料的许用应力为 50 MPa；铁水包自重 8 kN，最多能容重 30 kN 的铁水。试校核该吊杆的强度。

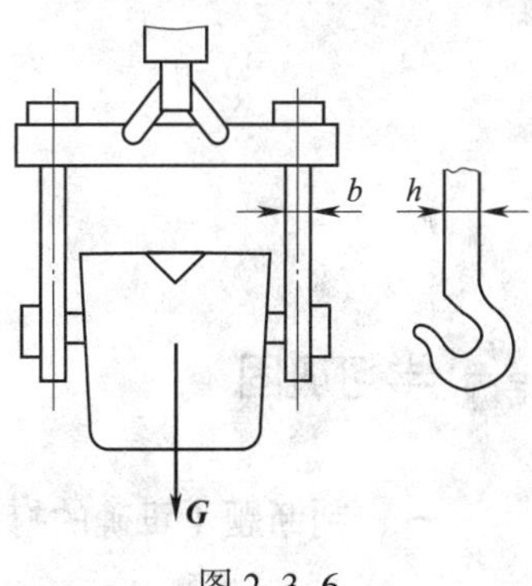

图 2–3–6

§2-4　连接件的剪切与挤压

学习引导

工程中的连接方式多种多样，有键连接、销连接、螺纹连接等。当连接件所受载荷的大小和方向不同时，它们的变形形式也不相同，想一想，存在哪些变形形式呢？

课堂练习

图 2-4-1 所示的连接中，容易发生破坏的零件是哪个？其破坏的基本形式是什么？

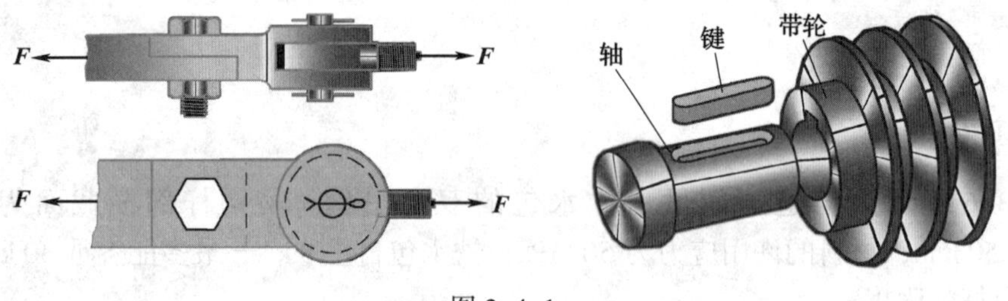

图 2-4-1

学习巩固

一、判断题（正确的打“√”，错误的打“×”）

1. 挤压变形实际上就是轴向压缩变形。（　　）
2. 剪切和挤压总是同时产生的。（　　）
3. 构件受剪切时，剪力与剪切面是垂直的。（　　）
4. 挤压面的计算面积一定是实际挤压面的面积。（　　）

二、填空题（将正确答案填写在横线上）

1．构件局部承受较大压力后在力作用处附近出现________________的现象称为挤压。

2．剪切时的内力称为________，剪切时的截面应力称为________。

3．当挤压面为半圆柱面时，其挤压面积按该面的____________面积计算。

三、简答题

指出如图 2–4–2 所示各构件的剪切面与挤压面，并分别计算其剪切面面积与挤压面面积。

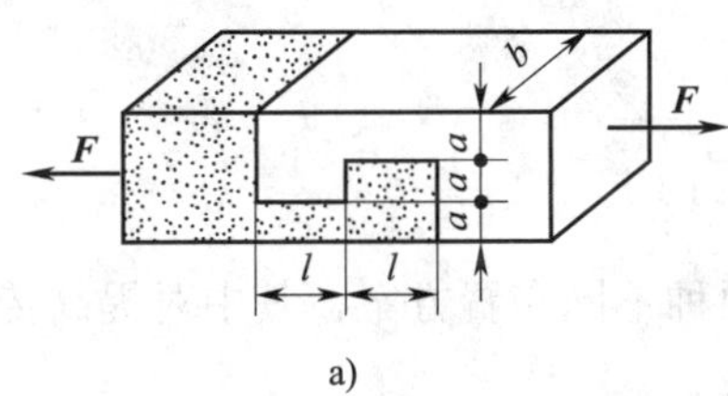

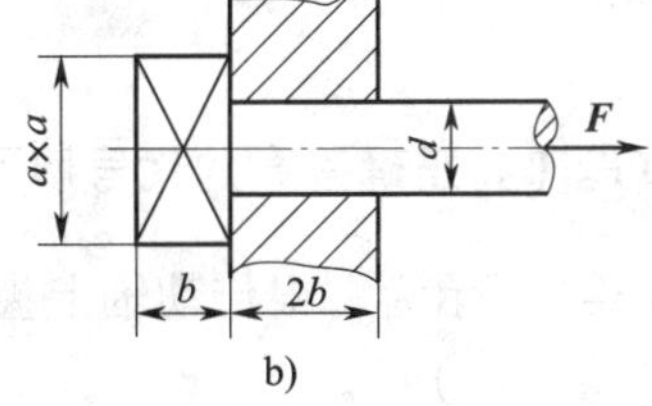

图 2–4–2

§2–5 圆 轴 扭 转

学习引导

仔细观察如图 2–5–1 所示各杆件的受力，想一想，它们的变形形式和我们之前学习的变形形式有什么不同？

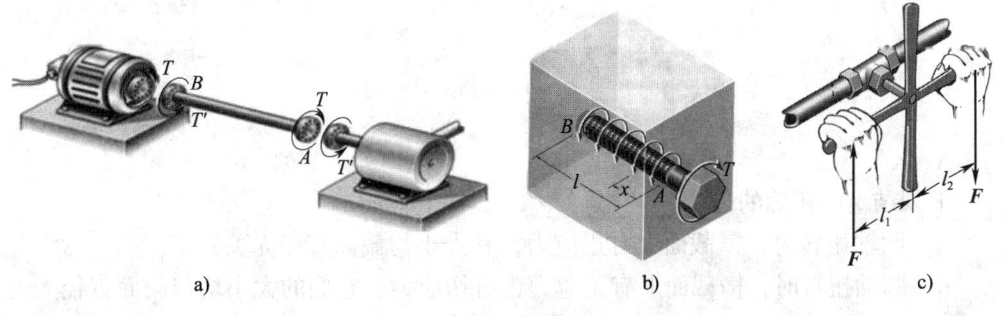

图 2–5–1

课堂练习

在工程中的受扭圆轴为什么常常使用空心轴？这样做有什么好处？

学习巩固

一、选择题（将正确答案的代号填写在括号内）

1．图 2–5–2 所示为一根传动轴上齿轮的两种不同布置方案，其中对提高传动轴抗扭强度有利的是图（　　）。

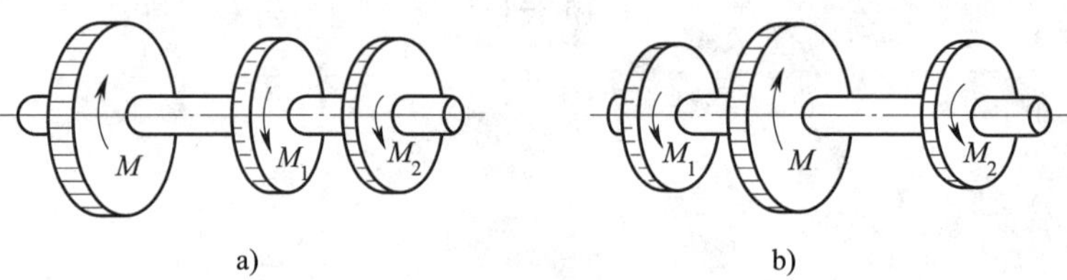

图 2–5–2

A．a　　　　B．b

2．在图 2–5–3 所示各轴中，仅产生扭转变形的轴是图（　　）。

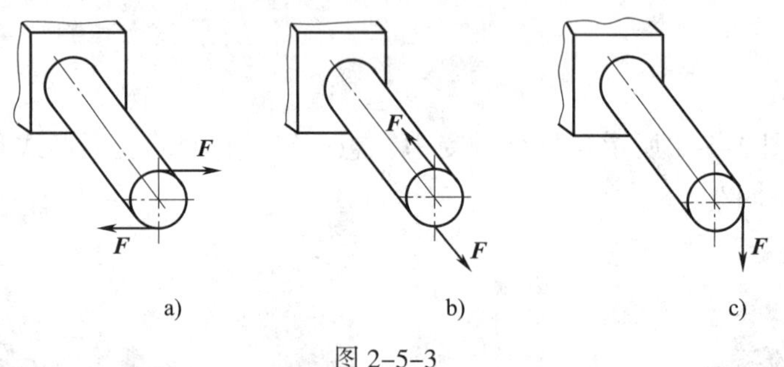

图 2–5–3

A．a　　　　B．b　　　　C．c

3．下列结论中正确的是（　　）。

A．圆轴扭转时，横截面上有正应力，其大小与截面直径无关

B．圆轴扭转时，横截面上有正应力也有切应力，它们的大小均与截面直径无关

C．圆轴扭转时，横截面上只有切应力，其大小与到圆心的距离成正比

4．圆轴扭转时，同一圆周上的切应力大小（　　）。

A．全相等　　　　B．全不等　　　　C．部分相等

二、判断题（正确的打“√”，错误的打“×”）

1．圆轴扭转时，各横截面相对转动，这实际上就是剪切变形。（　　）

2．圆轴扭转时，横截面上的正应力与截面直径成正比。（　　）

3．扭转变形时，横截面上的切应力一定垂直于截面半径。（　　）

三、填空题（将正确答案填写在横线上）

1．圆轴扭转变形时，受到的载荷是____________，其作用平面与轴的轴线________。

2．圆轴扭转时的内力称为____________。

四、简答题

1．在什么情况下圆轴将发生扭转变形？其特点是什么？

2．圆轴扭转时，外力偶矩与轴的转向是怎样的关系？

3．观察圆轴的扭转变形时会看到哪些现象？试分析圆轴扭转变形时其横截面的相对位置将发生何种变化。

§2-6　直梁弯曲

学习引导

长长的跨海大桥是屹立在海中的“蛟龙”。从图 2-6-1 中我们可以看到，桥面有一定的弧度，想一想，这样设计除为了便于海面船只通行之外，还有其他目的吗？

图 2-6-1

课堂练习

请列举简支梁、外伸梁和悬臂梁的应用实例，并说明各自的受力特点。

学习巩固

一、选择题（将正确答案的代号填写在括号内）

1．平面弯曲时，梁上的外力（或力偶）均作用在梁的（　　）。

A．轴线上　　B．纵向对称平面内　　C．轴面上

2．梁发生纯弯曲时，横截面上的内力是（　　）。

A．弯矩　　B．扭矩　　C．剪力

D．轴力　　E．剪力和弯矩

3．纯弯曲梁的横截面上（　　）。

A．只有正应力　　B．只有剪应力　　C．既有剪应力又有正应力

二、判断题（正确的打“√”，错误的打“×”）

1．一端或两端向支座外伸出的简支梁称为外伸梁。（　　）

2．悬臂梁的一端固定，另一端为自由端。（　　）

3．弯曲时剪力对细长梁的强度影响很小，所以在工程计算中一般可忽略。（　　）

三、填空题（将正确答案填写在横线上）

1．梁弯曲时，横截面上的内力一般包括＿＿＿＿＿＿和＿＿＿＿＿＿两个分量，其中对梁的强度影响较大的是＿＿＿＿＿＿＿＿。

2．若作用在梁对称平面内的外力只有＿＿＿＿，则称为纯弯曲。

四、术语解释

1．中性轴

2．中性层

五、简答题

为什么扁担常常在中间折断，而游泳池的跳水板则容易在固定端处折断？

*§2–7 组合变形

学习引导

仔细观察如图 2–7–1 所示的塔式起重机横悬梁，你会发现塔式起重机横悬梁除受到起吊重物的作用之外，还受到质量平衡块、横悬梁自重以及风力等影响，受力情况比较复杂。想一想，在如此复杂的受力情况下，其变形是如何的呢？

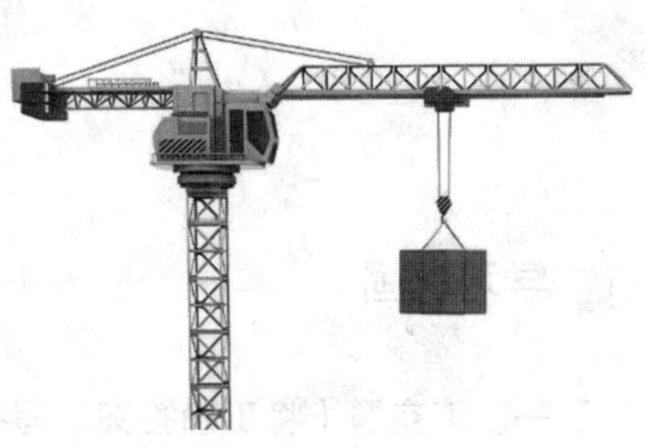

图 2–7–1

课堂练习

1．联系生产实际，分析如图 2–7–2 所示台式钻床立柱的组合变形。

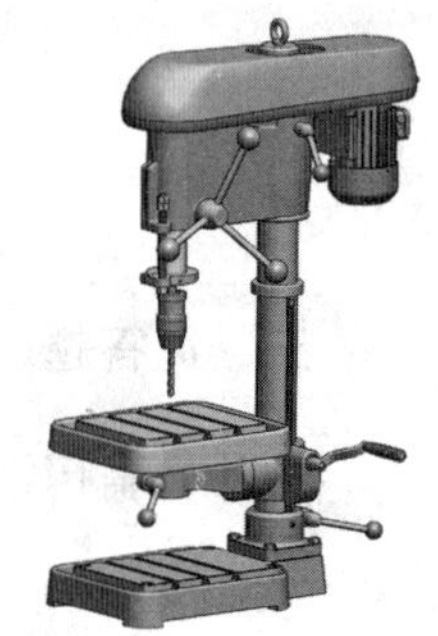

图 2–7–2

2．图 2–7–3 所示为单轨吊车横梁，试对其受力和变形情况做简要分析。

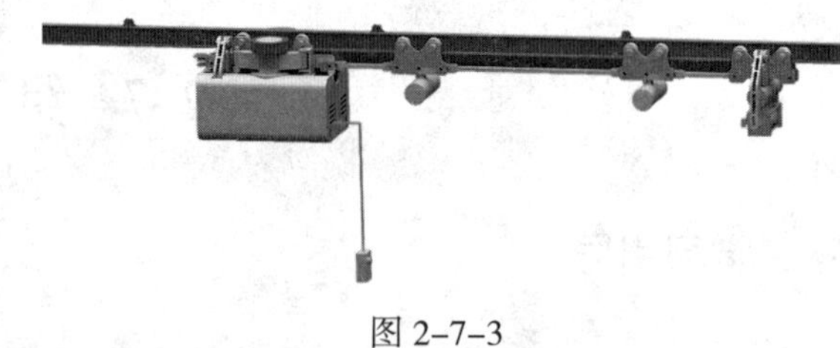

图 2–7–3

学习巩固

一、填空题（将正确答案填写在横线上）

1．如果外力的作用线平行于杆轴线，但不通过截面形心，则将引起______或______。

2．如果在直杆上既作用有__________于杆轴的外力，又作用有__________力，直杆将发生________________与________组合变形。

3．常见的组合变形形式包括__________与__________组合变形、________与________组合变形。

二、术语解释

组合变形

三、简答题

1．举例说明生活中的弯曲和扭转的组合变形。

2．举例说明生活中的偏心拉伸（压缩）变形。

第3章 连　接

§3-1 键 连 接

学习引导

在机械构件中，我们经常看到零件与零件之间存在各种不同形式的连接，如图3-1-1所示，你能说出这几种连接的区别吗？

图3-1-1

a）螺纹连接　b）键连接　c）焊接

课堂练习

1. 请说明图3-1-2所示各键分别属于哪一类，并简述其特点。

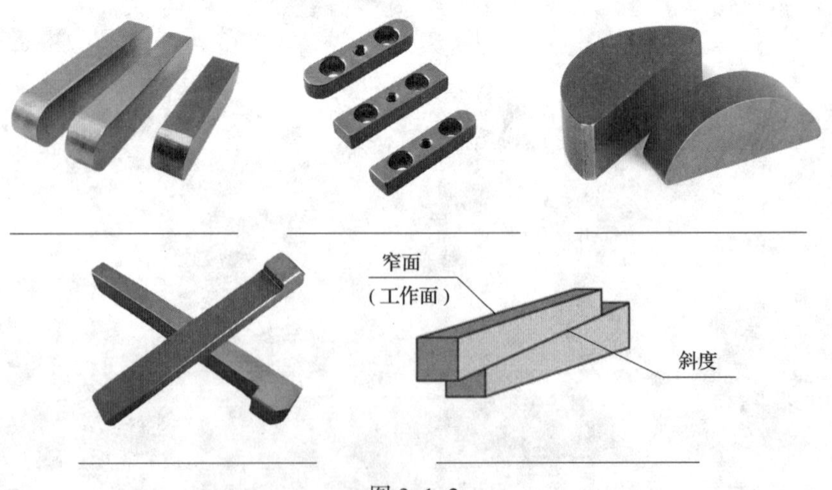

图3-1-2

2. 试解释下列普通平键标记的含义。

（1）GB/T 1096　键 C20 × 10 × 125

（2）GB/T 1096　键 16 × 10 × 100

（3）GB/T 1096　键 B22 × 10 × 100

学习巩固

一、选择题（将正确答案的代号填写在括号内）

1. （　　）普通平键多应用在轴的端部。

A. 圆头（A 型）　　B. 方头（B 型）　　C. 单圆头（C 型）

2. 在普通平键的三种形式中，（　　）平键在键槽中不会发生轴向移动，所以应用最广。

A. 圆头（A 型）　　B. 方头（B 型）　　C. 单圆头（C 型）

3. 机床变速箱中的滑移齿轮通常采用（　　）。

A. 导向平键　　B. 滑键　　C. 楔键

4. 在键连接中，对中性较好的键是（　　）。

A. 切向键　　B. 半圆键　　C. 普通平键

5. 加工容易、应用范围广泛的花键是（　　）花键。

A. 矩形　　B. 渐开线　　C. 三角形

6. 关于楔键连接，下列说法正确的是（　　）。

A. 楔键只能承受单方向轴向力

B. 楔键能承受双方向轴向力

C. 楔键不能承受轴向力

7．其键槽对轴的强度削弱较大的键连接是（　　）连接。

A．普通平键　　　　B．半圆键　　　　C．花键

8．在对中性要求不高、载荷平稳和低速的场合，主要采用（　　）连接。

A．楔键　　　　B．切向键　　　　C．花键

二、判断题（正确的打“√”，错误的打“×”）

1．普通平键、楔键、半圆键都是以其两侧面为工作面。（　　）

2．键连接具有结构简单、工作可靠、装拆方便和可实现标准化等优点。（　　）

3．键连接属于不可拆连接。（　　）

4．普通平键键长应根据轮毂宽度按标准查取，一般应比轮毂的宽度略长。（　　）

5．不管轮毂选用何种材料，键的材料通常都采用 45 钢。（　　）

6．半圆键对中性较好，适用于锥形轴与轮毂的连接。（　　）

7．平键连接中，键的上表面与轮毂上的键槽底面应紧密配合。（　　）

8．国家标准规定，键是标准件。（　　）

9．花键由多齿承载，承载能力强且齿浅，对轴的强度削弱小。（　　）

10．导向平键常用于轴上零件移动量不大的场合。（　　）

11．导向平键就是普通平键。（　　）

12．钩头楔键用于不能从一端将楔键打出的场合。（　　）

三、填空题（将正确答案填写在横线上）

1．根据机器中零件与零件之间连接后是否可拆，连接分为________连接和________连接。

2．键连接主要用来实现轴与轴上零件（如齿轮、带轮等）之间的________固定，并传递________和________。常用的键连接有________连接、________连接、________连接、________连接和________连接。

3．根据用途不同，平键连接分为________、________和________等。

4．按键的端部形状不同，普通平键可分为________、________和________三种形式。

5．普通平键的主要尺寸是________、________和________。

6．在平键连接中，当轮毂需要在轴上沿轴向移动时可采用________平键。

7．半圆键工作面是键的________，可在轴上键槽中________以适应轮毂上键槽的斜度。

8．花键连接多用于________和要求________的场合，尤其适用于经常________的连接。

四、术语解释

1．花键连接

2．切向键

五、简答题

1．如图 3–1–3 所示，减速箱前端轴上采用了哪种键连接？该键连接有何特点？

图 3–1–3

2．结合实际情况，谈一谈应如何正确选用普通平键连接。

3．花键连接具有哪些特点？

§3-2 销 连 接

学习引导

日常生活中，销的应用非常普遍，如图 3-2-1 所示的门窗、剪刀、休闲椅等，销在其中起到了连接的作用。请结合实际谈谈销还起到了什么作用。

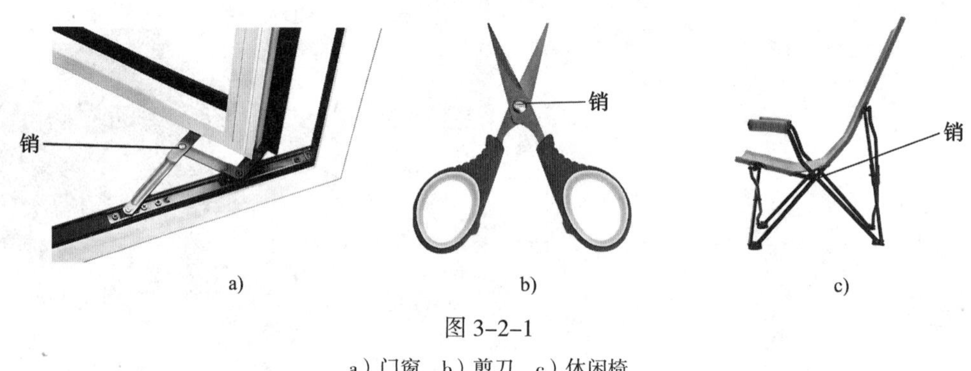

图 3-2-1

a）门窗　b）剪刀　c）休闲椅

课堂练习

1．如图 3-2-2 所示，销连接与键连接都属于可拆连接，但在结构特点及应用上有所不同。请结合所学内容谈谈销连接的特点及应用。

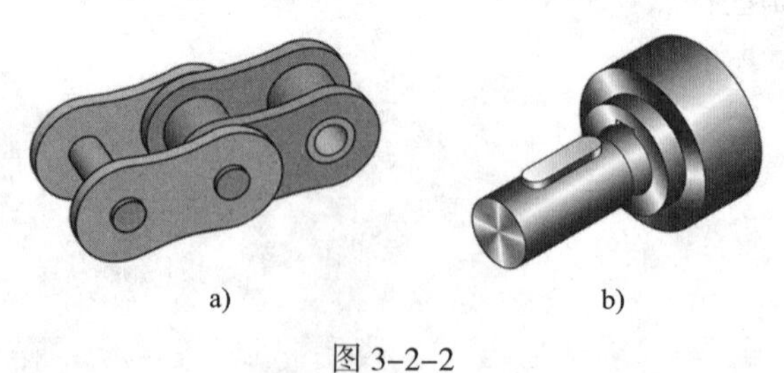

图 3-2-2

a）销连接　b）键连接

2．请简述图 3–2–3 中销的作用。

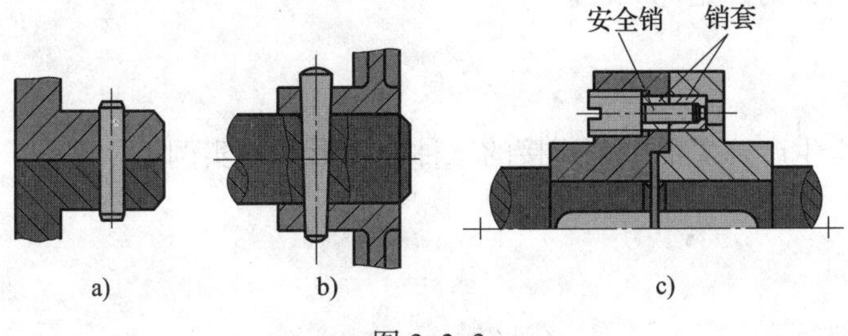

图 3–2–3

3．请写出图 3–2–4 中各销的种类，并简述其结构上的特点。

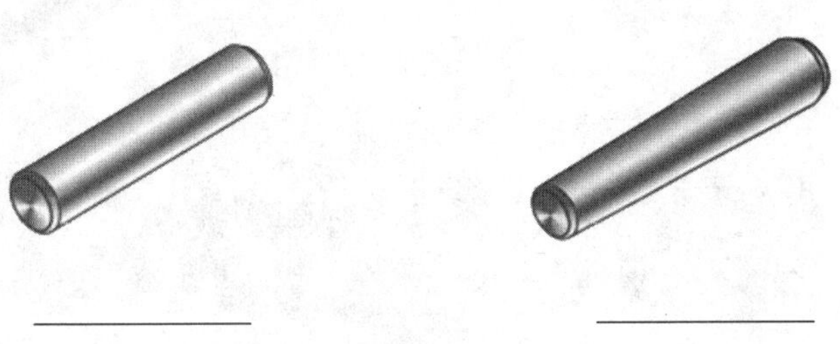

图 3–2–4

学习巩固

一、选择题（将正确答案的代号填写在括号内）

1．定位销的数目一般不少于（　　）个。

A．1　　B．2　　C．3

2．圆锥销有 1 ∶ 50 的锥度，按加工精度不同分为 A、B 两种形式，（　　）型精度最高。

A．A　　B．B　　C．无法确定

3．（　　）安装方便，定位精度高，可多次拆装。

A．开口销　　B．圆锥销　　C．槽销

4．下列连接中，属于不可拆连接的是（　　）。

A．焊接　　B．销连接　　C．键连接

二、判断题（正确的打“√”，错误的打“×”）

1．普通圆柱销起定位作用，一般承受较小载荷。（　　）

2．内螺纹圆柱销适用于有不通孔的场合，螺纹供拆卸用。　（　　）

3．圆柱销和圆锥销都是标准件。　（　　）

三、简答题

1．试列举日常生产、生活中销连接的三种应用形式的实例。

2．在装拆圆柱销或圆锥销时要注意哪些问题？如图 3–2–5 所示的圆锥销为何有一端带有内螺纹孔？

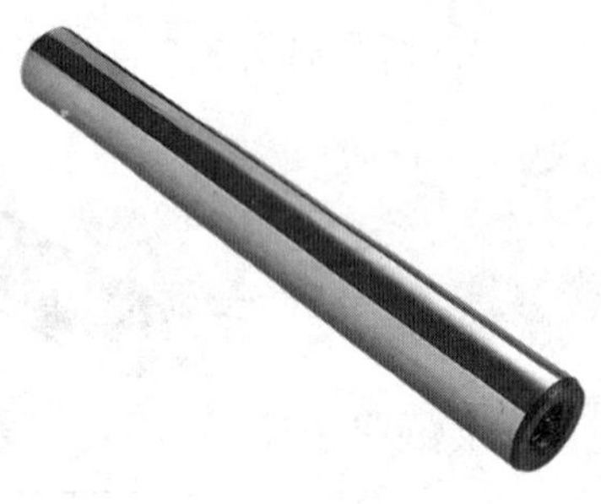

图 3–2–5

§3–3　螺纹连接

学习引导

日常生活中常见的水龙头与水管的接口采用的就是螺纹连接，如图 3–3–1 所示。请结合实际谈谈接口为何要用螺纹连接。连接时在螺纹上缠一些丝带是为什么？

图 3–3–1

课堂练习

1．试判断图 3–3–2 中各螺纹的旋向。

图 3–3–2

2．试解释下列螺纹代号的含义。

（1）M14 × 1

（2）M24–LH

（3）M10 × 2–LH

3．请说明图 3–3–3 中各图分别属于什么连接。

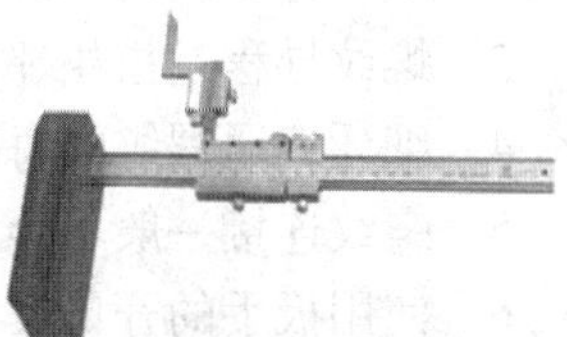

图 3–3–3

4．在重要场合下的螺纹连接，应用时必须考虑防松问题。如图 3–3–4 所示，螺纹连接采用弹簧垫圈进行防松。请结合实际，谈谈防松的目的以及弹簧垫圈是如何实现防松的。

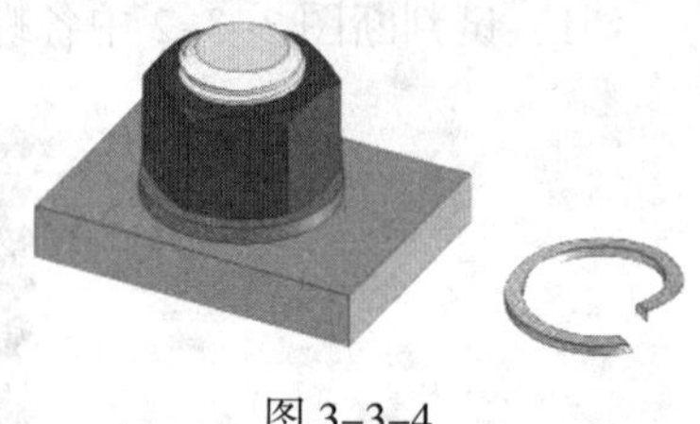

图 3–3–4

学习巩固

一、选择题（将正确答案的代号填写在括号内）

1．普通螺纹的牙型为（　　）。

A．三角形　　B．梯形　　C．矩形

2．双线螺纹的导程等于螺距的（　　）倍。

A．2　　B．1　　C．0.5

3．（　　）连接用于被连接件之一较厚、不便加工通孔且不必经常拆卸的场合。

A．螺栓　　B．双头螺柱　　C．螺钉

4．（　　）连接用于受结构限制或被连接件之一为不通孔并需经常拆卸的场合。

A．螺栓　　B．双头螺柱　　C．螺钉

5．利用机械元件防松的是（　　）。

A．止动垫圈防松　　B．双螺母防松　　C．弹簧垫圈防松

6．焊接防松属于（　　）防松。

A．利用摩擦力　　B．利用机械元件　　C．破坏螺纹副运动关系

二、判断题（正确的打“√”，错误的打“×”）

1．螺纹按螺旋线形成的表面分为内螺纹和外螺纹。（　　）

2．顺时针方向旋入的螺纹为右旋螺纹。（　　）

3．螺纹导程是指相邻两牙在中径线上对应两点间的轴向距离。（　　）

4．细牙普通螺纹的每一个公称直径只对应一个螺距。（　　）

5．螺纹连接一般不会自行松脱。（　　）

6．使用扳手的开口尺寸不一定要符合螺母的尺寸。（　　）

7．螺纹连接要保证一定的拧紧力矩。（　　）

三、填空题（将正确答案填写在横线上）

1．形成螺纹的螺旋线数目称为________，螺纹分为________螺纹和________螺纹。

2．普通螺纹标记由__________代号、__________代号和__________代号组成。

3. 常见的螺纹连接有________连接、________连接、________连接和________连接四种类型。

4. 螺纹连接的零件大多已__________，常用的有螺栓、双头螺柱、________、________、________和防松零件等。

5. 螺纹连接常用的防松方法有______________________、______________________和______________________三种类型。

6. 螺纹连接的主要拆装工具是________和________。

四、术语解释

螺纹

五、简答题

1. 螺纹连接在机械工业中应用非常广泛，如图 3–3–5 所示，试总结螺纹连接与前面所讲的键连接、销连接有何区别。

图 3–3–5

2. 简述常用螺纹连接装拆工具的使用方法。

3．简述螺纹连接在装拆时的注意事项。

*§3-4　弹　　簧

学习引导

日常生活中我们经常能见到弹簧的应用，如图 3-4-1 所示。想一想，生活中哪些地方还用到了弹簧？并说出弹簧的作用。

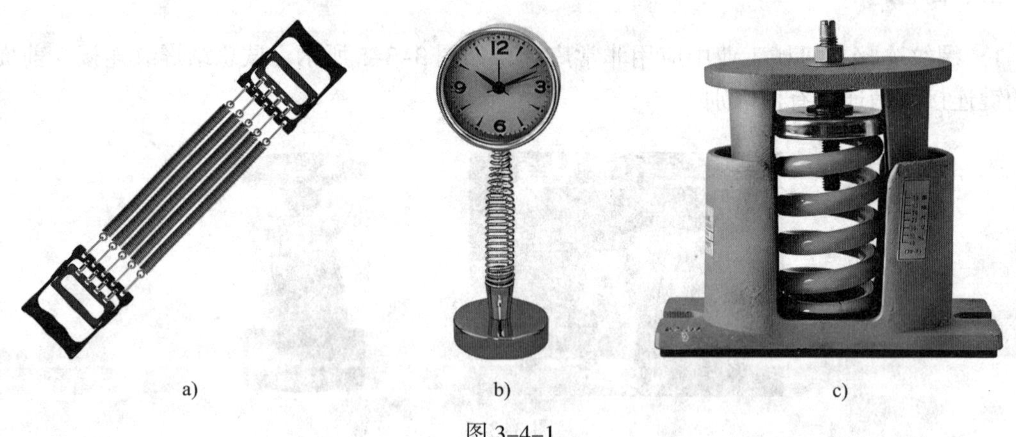

a)　　b)　　c)

图 3-4-1

a）弹簧拉力器　b）弹簧钟　c）弹簧减振器

课堂练习

1．请根据所学内容说明图 3-4-2 所示各弹簧的承载方式。

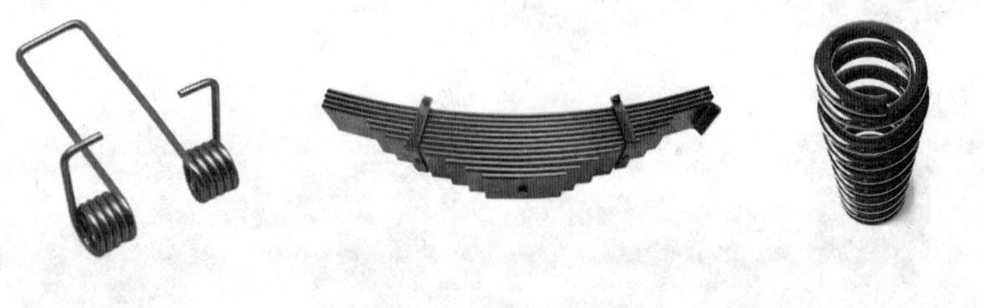

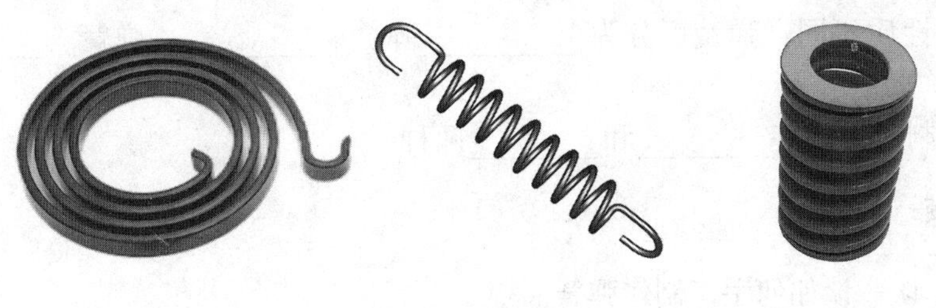

______　　______　　______

图 3–4–2

2．台钻上用的卷簧如图 3–4–3 所示，它属于哪种类型的弹簧？在台钻上起什么作用？

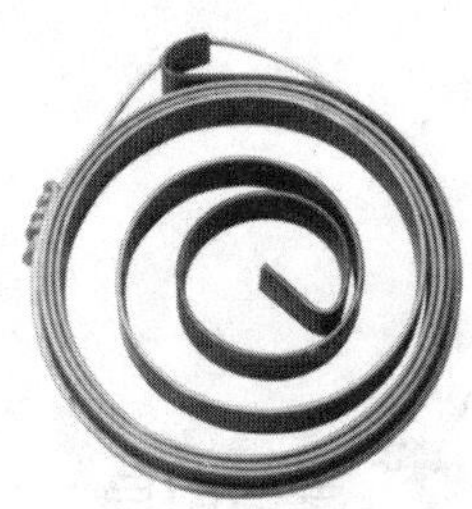

图 3–4–3

学习巩固

一、选择题（将正确答案的代号填写在括号内）

1．用于载荷较大和需要减振场合的弹簧是（　　）弹簧。

A．圆柱形　　B．圆锥形　　C．碟形

2．用于重型车辆和飞机起落架等的缓冲弹簧的是（　　）。

A．环形弹簧　　B．盘簧　　C．板弹簧

3．用于火车悬挂装置中的缓冲和减振弹簧的是（　　）。

A．环形弹簧　　B．盘簧　　C．板弹簧

4．自动卷簧机制造弹簧主要用于（　　）。

A．大量生产　　B．批量生产　　C．单件生产

二、判断题（正确的打“√”，错误的打“×”）

1．按形状不同，弹簧可分为拉伸弹簧、压缩弹簧和扭转弹簧。（　　）

2．圆锥形弹簧承载方式只有压缩一种。（　　）

三、填空题（将正确答案填写在横线上）

1．弹簧是利用材料的________和________，实现________与________相互转换的一种零件。

2．按受载性质不同，弹簧可分为__________弹簧、__________弹簧、__________弹簧和__________弹簧。

3．弹簧的制造方法有________和________两种。

四、简答题

结合实际，谈一谈如何手工制作弹簧。

§3-5 联 轴 器

学习引导

图 3-5-1 所示为机械设备中常用的传动轴，轴上有键槽，可以用键来连接轴与轴上零件。两根传动轴能否用键、销或螺纹连接？为什么？

图 3-5-1

课堂练习

请说明图 3-5-2 中各联轴器的类型。

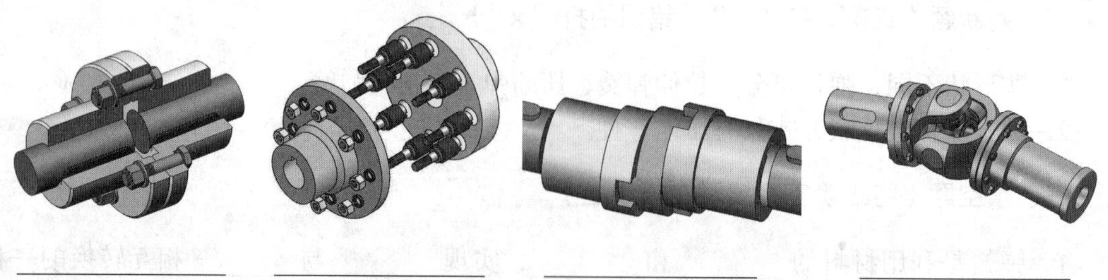

______________ ______________ ______________ ______________

图 3-5-2

学习巩固

一、选择题（将正确答案的代号填写在括号内）

1. 下列联轴器中，(　　)允许两轴间有较大的角位移，且传递转矩较大。

A. 套筒联轴器　　B. 万向联轴器　　C. 凸缘联轴器

2. 下列联轴器中，(　　)应用于载荷平稳，启动频繁，转速高，传递中、小转矩的场合。

A. 齿轮联轴器　　B. 滑块联轴器　　C. 弹性套柱销联轴器

3. 下列联轴器中，(　　)具有良好的补偿性，允许有综合位移。

A. 滑块联轴器　　B. 套筒联轴器　　C. 齿轮联轴器

4. 下列联轴器中，(　　)适用于两轴的对中性好、载荷平稳及经常拆卸的场合。

A. 凸缘联轴器　　B. 滑块联轴器　　C. 万向联轴器

5. 下列联轴器中，(　　)一般适用于低速、轴的刚度较大、无剧烈冲击的场合。

A. 凸缘联轴器　　B. 滑块联轴器　　C. 万向联轴器

二、判断题（正确的打“√”，错误的打“×”）

1. 联轴器都具有安全保护作用。　(　　)

2. 弹性柱销联轴器适用于轴向窜动量较大、正反转启动频繁的场合。　(　　)

3. 十字轴万向联轴器主要用于两轴相交的传动。为了消除不利于传动的附加动载荷，一般成对使用十字轴万向联轴器。　(　　)

三、填空题（将正确答案填写在横线上）

1. 联轴器是机械传动中的常用部件，多用来____________，使其一起________并传递________，有时也可作为________装置。

2. 按结构特点不同，联轴器可分为________________和________________两大类。

四、简答题

图 3–5–3 所示为卷扬机，其电动机轴与减速器用联轴器相连。请结合实际，谈谈联轴器的特点及其在机械装置中的应用。

图 3–5–3

§3-6 离 合 器

学习引导

手动挡汽车驾驶位置上的踏板布置如图 3-6-1 所示，这几个踏板有何用处？

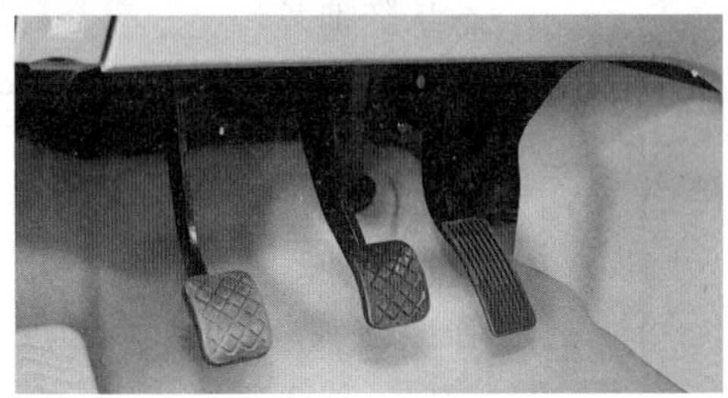

图 3-6-1

课堂练习

请说明图 3-6-2 所示各离合器的类型。

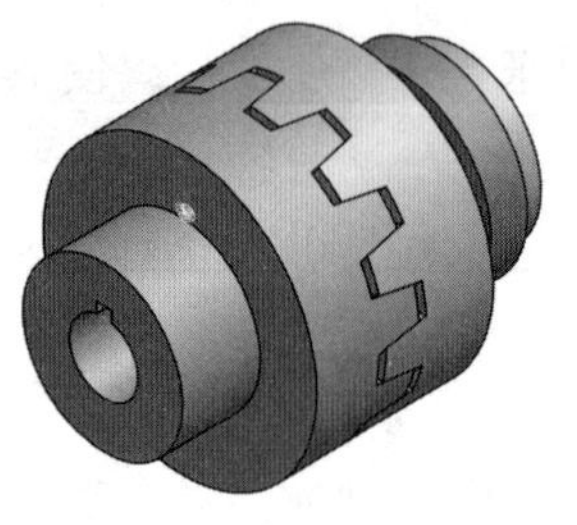

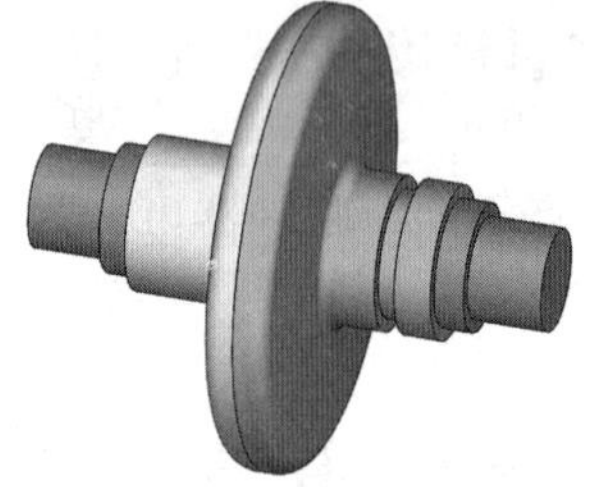

图 3-6-2

学习巩固

一、选择题（将正确答案的代号填写在括号内）

1．下列离合器中，（　　）适用于低速或停机时的接合。

A．牙嵌式离合器　　B．齿形离合器　　C．摩擦式离合器

2．下列离合器中，(　　)常用于必须经常启动、制动或频繁改变速度大小和方向的机械中。

A．摩擦式离合器　　B．齿形离合器　　C．牙嵌式离合器

3．下列离合器中，(　　)多用于机床变速箱中。

A．齿形离合器　　B．摩擦式离合器　　C．牙嵌式离合器

二、判断题（正确的打“√”，错误的打“×”）

1．汽车从启动到正常行驶过程中，离合器能方便地接合或断开动力的传递。(　　)

2．离合器能根据工作需要随时使主动轴、从动轴接合或分离，但不能传递运动和动力。(　　)

三、填空题（将正确答案填写在横线上）

1．常用的机械离合器有________________和________________两种。

2．对离合器的要求是：工作________，接合________，分离________________。

3．联轴器和离合器的区别是：联轴器只有在________________的情况下，才能用拆卸的方法将两轴分离；离合器则可在机器________过程中________将两轴结合与分离。

四、简答题

1．图 3–6–3 所示为 CA6140 型车床溜板箱中的离合器，试根据所学内容，谈谈其应用特点。

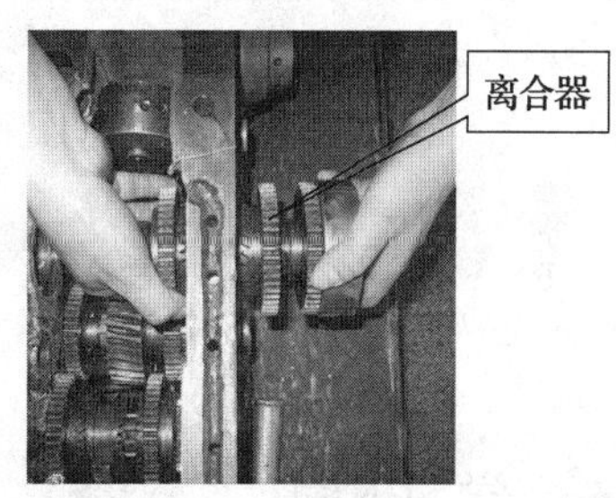

图 3–6–3

2．结合实际，谈谈离合器与联轴器的区别。

§3-7 实训环节——联轴器的拆装

课堂练习

如图 3-7-1 所示，螺纹连接属于哪种螺纹连接类型？其特点是什么？

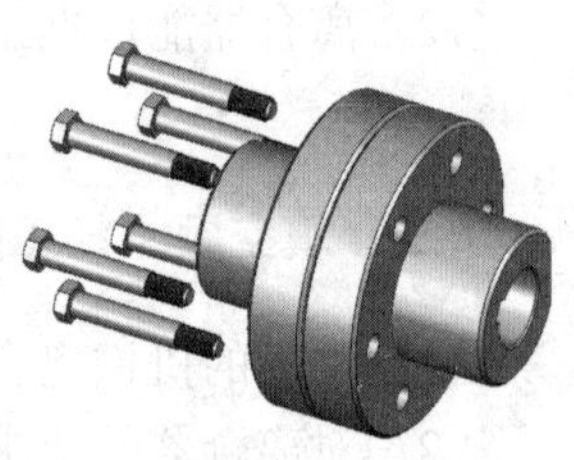

图 3-7-1

学习巩固

一、选择题（将正确答案的代号填写在括号内）

1．下列扳手中，(　　)使螺母的六个边同时受力，而不易损坏螺母。

A．活扳手　　B．呆扳手　　C．梅花扳手

2．下列扳手中，(　　)只能拧紧或松开一个尺寸规格的螺母和螺栓。

A．活扳手　　B．呆扳手　　C．梅花扳手

二、判断题（正确的打“√”，错误的打“×”）

1．使用活扳手的过程中要注意应使固定钳口受力，而不能让活动钳口受力。(　　)

2．装配成组螺母时，可按顺序一次拧紧。(　　)

3．装配前，应对零件进行清洗、清理工作。(　　)

三、简答题

1. 简述联轴器的拆卸步骤。

2. 结合实际，谈一谈在装配联轴器时的注意事项。

第4章 机　　构

§4-1　平面机构的组成

学习引导

无论是在生活中还是生产中，各种各样的机构都在为人们服务。在前面的学习中我们知道机构是构件的组合，用来传递运动和动力。例如，如图4-1-1所示的机械手可以完成各种动作，而汽车雨刷器可以清洁车窗玻璃上的雨点及灰尘。想一想，它们都是在同一平面内运动吗？

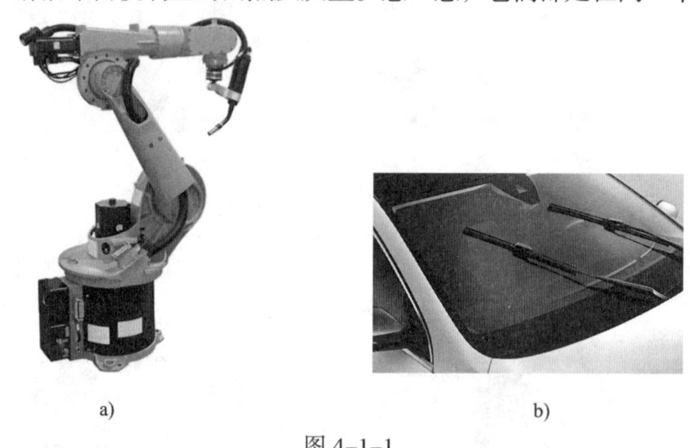

a)　　b)

图4-1-1

a）机械手　b）汽车雨刷器

课堂练习

1. 两构件之间不同的接触方式可形成不同的运动副。请结合图4-1-2，谈一谈不同的运动副应如何加以区分。

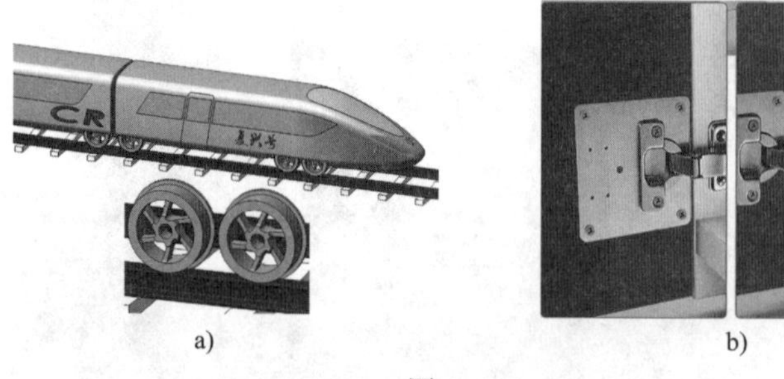

a)　　b)

图4-1-2

2. 请说明图 4–1–3 中各图分别采用了哪些运动副。

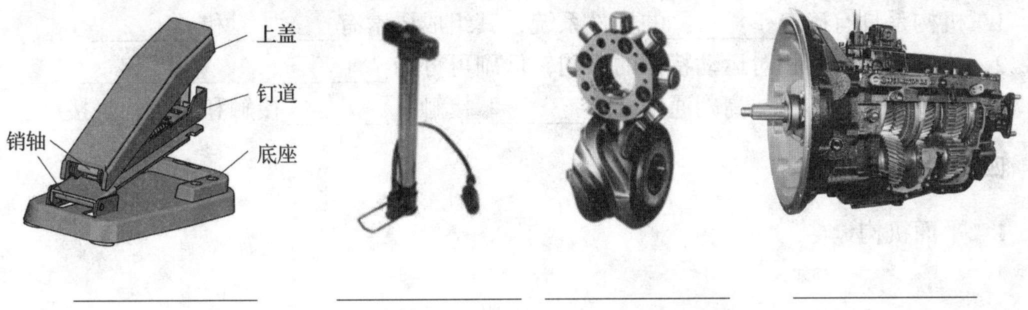

______________　______________　______________　______________

图 4–1–3

3. 图 4–1–4 所示的机构采用了哪些运动副？其对应的符号是什么？

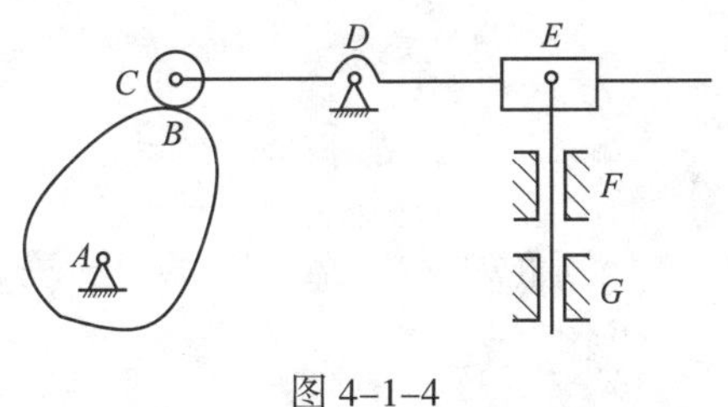

图 4–1–4

学习巩固

一、选择题（将正确答案的代号填写在括号内）

1. 下列机构中的运动副，属于高副的是（　　）。
   A. 火车车轮与车轨之间的运动副
   B. 螺旋千斤顶中螺杆与螺母之间的运动副
   C. 车床床鞍与导轨之间的运动副
2. 下列机构中的运动副，属于低副的是（　　）。
   A. 螺旋千斤顶中螺杆与螺母之间的运动副
   B. 火车车轮与车轨之间的运动副
   C. 一对直齿圆锥齿轮之间的运动副

二、判断题（正确的打“√”，错误的打“×”）

1. 凸轮与从动杆的接触属于低副。（　　）
2. 门与门框之间的运动副属于低副。（　　）
3. 在机构运动简图中，要按比例确定各运动副的位置。（　　）

三、填空题（将正确答案填写在横线上）

1. 机构是具有确定________的构件系统，其组成要素有________和________。
2. 按两构件之间相对运动特征的不同，低副可分为________、________和________。
3. 按接触方式不同，高副通常分为________接触、________接触和________接触。

四、术语解释

1. 平面机构

2. 运动副

3. 低副

4. 高副

5. 机构运动简图

五、简答题

从日常生活或生产实践中寻找两个高副和两个低副的应用实例，并联系高副和低副的特点进行分析。

六、作图题

根据绘制机构运动简图的步骤，画出如图 4–1–5 所示机构的运动简图。

图 4–1–5

§4–2　平面四杆机构

学习引导

前面我们学习了平面机构的组成，你能根据所学知识说明图 4–2–1 中缝纫机和起重机中各构件的连接吗？其采用的是高副连接还是低副连接？请简述它们的工作原理。

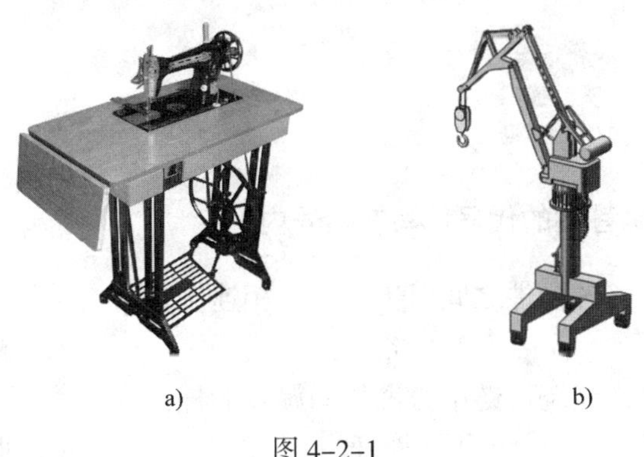

a)　　b)

图 4–2–1

a）缝纫机　b）起重机

课堂练习

1．请根据图 4–2–2 中标注的尺寸，判断各铰链四杆机构的基本类型。

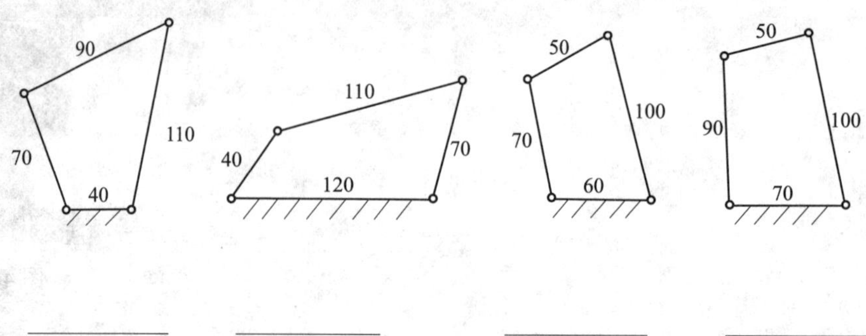

图 4–2–2

2．试用作图法画出如图 4–2–3 所示曲柄摇杆机构中的极位夹角和摇杆的极限位置（死点位置）。

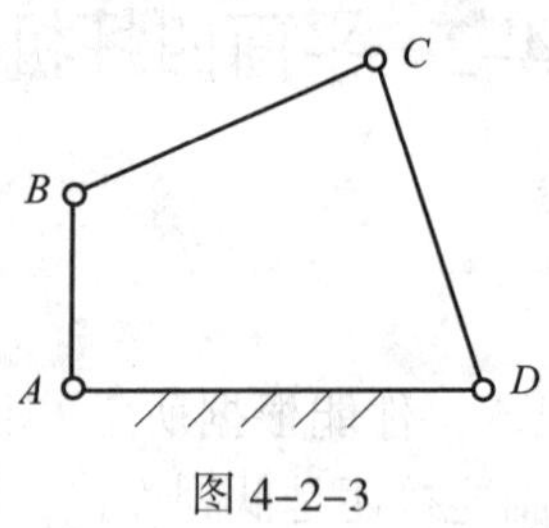

图 4–2–3

学习巩固

一、选择题（将正确答案的代号填写在括号内）

1．铰链四杆机构中，各构件之间以（　　）相连接。

A．转动副　　B．移动副　　C．螺旋副

2．铰链四杆机构中，能绕铰链中心做整周旋转的杆件为（　　）。

A．连杆　　B．摇杆　　C．曲柄

3．铰链四杆机构中，不与机架直接连接，且做平面运动的杆件称为（　　）。

A．摇杆　　B．连架杆　　C．连杆

4．家用缝纫机踏板机构采用的是（　　）机构。

A．曲柄摇杆　　B．双摇杆　　C．双曲柄

5．汽车前窗雨刷器采用的是（　　）机构。

A．双曲柄　　B．曲柄摇杆　　C．双摇杆

6．雷达天线俯仰角摆动机构采用的是（　　）机构。

A．双摇杆　　B．曲柄摇杆　　C．双曲柄

7．铰链四杆机构中，最短杆件与最长杆件长度之和小于或等于其他两杆件的长度之和时，机构中一定有（　　）。

A．曲柄　　B．摇杆　　C．连杆

8．双曲柄机构中，（　　）长度最短。

A．曲柄　　B．连杆　　C．机架

9．曲柄摇杆机构中，曲柄的长度（　　）。

A．最短　　B．最长　　C．介于最短与最长之间

10．当机构中的极位夹角 θ=（　　）时，机构无急回特性。

A．0°　　B．90°　　C．180°

11．在下列铰链四杆机构中，若以 *BC* 杆件为机架，则能形成双摇杆机构的是（　　）。

（1）*AB*=70 mm，*BC*=60 mm，*CD*=80 mm，*AD*=95 mm。

（2）*AB*=80 mm，*BC*=85 mm，*CD*=70 mm，*AD*=55 mm。

（3）*AB*=70 mm，*BC*=60 mm，*CD*=80 mm，*AD*=85 mm。

（4）*AB*=70 mm，*BC*=85 mm，*CD*=80 mm，*AD*=60 mm。

A．（1）、（2）、（4）　　B．（2）、（3）、（4）　　C．（1）、（2）、（3）

12．当急回运动行程速比系数（　　）时，曲柄摇杆机构才有急回运动。

A．K=0　　B．K=1　　C．K>1

13．当曲柄摇杆机构出现“死点位置”时，可在从动曲柄上（　　）使其顺利通过死点位置。

A．加设飞轮　　B．减少阻力　　C．加大主动力

14．牛头刨床主运动机构采用的是（　　）机构。

A．曲柄摇杆　　B．导杆　　C．双曲柄

15．下列机构中，属于曲柄滑块机构的是（　　）。

A．自卸汽车卸料机构　　B．牛头刨床主运动机构　　C．内燃机气缸

16．冲压机采用的是（　　）机构。

A．移动导杆　　B．曲柄滑块　　C．摆动导杆

17．在曲柄滑块机构的应用中，往往用一个偏心轮代替（　　）。

A．滑块　　B．机架　　C．曲柄

二、判断题（正确的打“√”，错误的打“×”）

1．铰链四杆机构中必定有一杆为连杆。（　　）

2．最常用的平面连杆机构是具有四个构件（包括机架）的高副机构，称为四杆机构。（　　）

3．反向双曲柄机构中的两个曲柄转向不同。（　　）

4．常把曲柄摇杆机构中的曲柄和连杆称为连架杆。（　　）

5．铰链四杆机构中，最短杆件就是曲柄。（　　）

6．在铰链四杆机构的三种基本形式中，最长杆件与最短杆件的长度之和必定小于其余两杆件长度之和。（　　）

7．曲柄摇杆机构中，极位夹角 θ 越大，机构的行程速比系数 K 值越大。（　）

8．在实际生产中，机构的“死点位置”对工作都是有害无益的。（　）

9．实际生产中，常利用急回特性来缩短工作时间，提高生产效率。（　）

10．若最长杆件与最短杆件长度之和小于或等于其余两杆件长度之和，且连架杆与机架中有一杆为最短杆件，则一定为双摇杆机构。（　）

11．牛头刨床退刀速度大于其工作速度，就是利用了四杆机构“死点位置”的基本原理。（　）

12．将曲柄滑块机构中的滑块改为固定件，则原机构将演化为摆动导杆机构。（　）

三、填空题（将正确答案填写在横线上）

1．平面连杆机构是将________用____________连接而组成的平面机构。

2．当平面四杆机构中的四根杆件均用转动副连接时，该机构称为______________。

3．铰链四杆机构中，__________的杆件称为机架；不与机架直接相连的杆件称为__________；与机架用转动副相连，且能绕该转动副回转中心整周旋转的杆件称为__________；与机架用转动副相连，但只能绕该转动副回转中心________的杆件称为摇杆。

4．铰链四杆机构分为______________、______________和______________三种基本类型。

5．铰链四杆机构中是否存在曲柄，主要取决于机构中各杆件的________和________的选择。

6．当曲柄摇杆机构中存在死点位置时，其死点位置有_____个。在死点位置时，该机构的________和________处于共线状态。

7．为使铰链四杆机构能够顺利地通过死点位置继续正常运转，常采用__________、________________和________________等方法。

8．曲柄滑块机构是具有一个________和一个________的平面四杆机构。

9．偏心轮机构用于________较大，且________较小的剪床、冲床、颚式破碎机等机械中。

10．导杆机构有____________、____________和____________三种类型。

四、术语解释

1．四杆机构

2．曲柄

3．摇杆

4．急回特性

5．死点位置

五、简答题

1．为什么车门的启闭机构采用反向双曲柄机构？

2．已知铰链四杆机构的各杆长度分别为：*AB*=60 mm，*AD*=50 mm，*BC*=45 mm，*CD*=30 mm。欲形成曲柄摇杆机构、双摇杆机构和双曲柄机构，应分别取何杆为机架？

3．准备硬纸板、图钉，用硬纸板制成四根长度为 45 mm、100 mm、70 mm、120 mm 的杆件，顺次连接。试着变换固定件，能获得哪几种类型的铰链四杆机构？

§4-3 凸轮机构

学习引导

通过上一节的学习，我们知道低副机构只能近似地实现给定运动规律，而且设计较为复杂，当从动件的运动必须严格按照运动规律变化，尤其当主动件做连续运动而从动件必须做间歇运动时，采用低副机构难以实现精确设计。如图 4–3–1 所示的自动车床控制刀架运动的机构，当主轴带动圆柱形构件 1 回转时，凹槽侧面则迫使固联刀架的构件 2 摆动，从而驱使刀架来回运动。对于这样的机构，刀架的运动规律是如何按照设计要求实现的呢？应采用什么机构实现呢？

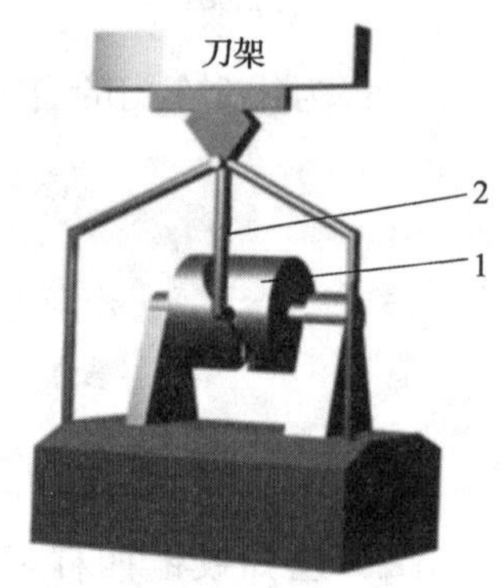

图 4–3–1

课堂练习

1．如图 4–3–2 所示凸轮机构中，凸轮形状为________，从动件形状为________。

图 4–3–2

2．试说明图 4–3–3 中各机构分别代表凸轮机构的哪种结构。各有何特点？

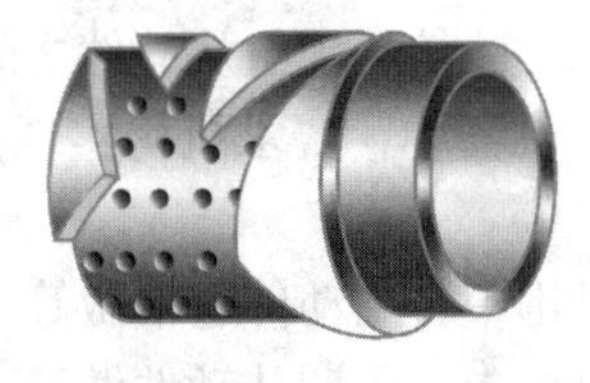

图 4–3–3

学习巩固

一、选择题（将正确答案的代号填写在括号内）

1．凸轮机构（　　）根据实际需要实现任意拟定的从动件的运动规律。

A．可以　　B．不可以

2．凸轮与从动件接触处的运动副属于（　　）。

A．高副　　B．转动副　　C．移动副

3．内燃机的配气机构采用了（　　）。

A．凸轮机构　　B．铰链四杆机构　　C．齿轮机构

4．凸轮机构中，从动件构造最简单的是（　　）。

A．平底从动件　　B．滚子从动件　　C．尖顶从动件

5．从动件的运动规律决定了凸轮的（　　）。

A．轮廓形状　　B．转速　　C．质量

6．凸轮机构中，常用于高速传动的从动件是（　　）。

A．滚子从动件　　B．平底从动件　　C．尖顶从动件

7．做等速运动的从动件的位移曲线形状是（　　）。

A．抛物线　　B．斜直线　　C．双曲线

8．从动件做等加速、等减速运动的凸轮机构（　　）。

A．存在刚性冲击　　B．存在柔性冲击　　C．没有冲击

9．从动件做等速运动的凸轮机构一般适用于凸轮做（　　）回转、轻载的场合。

A．低速　　　　　　　　B．中速　　　　　　　　C．高速

10．凸轮基圆半径的大小会影响压力角，在相同运动规律下，基圆半径越小，压力角（　　）。

A．越小　　　　　　　　B．越大　　　　　　　　C．不变

11．（　　）凸轮用于经常更换凸轮的场合。

A．整体式　　　　　　　B．镶块式　　　　　　　C．组合式

二、判断题（正确的打“√”，错误的打“×”）

1．在凸轮机构中，凸轮为主动件。（　　）

2．凸轮机构广泛用于机械自动控制。（　　）

3．工作中，凸轮轮廓与从动件之间始终保持良好的接触。（　　）

4．在一些机器中，要求机构实现某种特殊的或复杂的运动规律，则常采用凸轮机构来实现。（　　）

5．凸轮机构中，主动件通常做等速转动或移动。（　　）

6．凸轮机构中，所谓从动件做等速运动是指从动件上升时的速度和下降时的速度相等。（　　）

7．凸轮机构中，从动件做等速运动的原因是凸轮做等速转动。（　　）

8．凸轮机构产生的柔性冲击，不会对机器产生破坏作用。（　　）

9．凸轮和滚子的工作表面要求硬度高、耐磨且具有足够的表面接触强度。（　　）

三、填空题（将正确答案填写在横线上）

1．凸轮机构是由________、________和________三个基本构件组成的________机构。

2．在凸轮机构中，通过改变凸轮________，可使从动件实现设计要求的运动。

3．在凸轮机构中，按凸轮形状分类，凸轮可分为______________、______________和____________三类。

4．凸轮机构中最常用的运动形式为：凸轮做________运动，从动件做________运动。

5．凸轮机构从动件常用的运动规律有______________和______________。

6．按从动件端部形状和运动形式分，凸轮机构分为________从动件、________从动件和________从动件凸轮机构。

四、术语解释

1．推程

2．回程

3. 压力角

五、简答题

凸轮机构具有哪些优缺点？

六、作图题

一个凸轮机构，其凸轮转角为 0° ~ 180° 时，从动件等速上升，行程为 25 mm；转角为 180° ~ 270° 时，从动件等速下降至原位；转角为 270° ~ 360° 时，从动件停止。试画出从动件的位移曲线。

§ 4-4 间歇运动机构

学习引导

凸轮机构是能够实现主动件做连续运动，从动件做间歇运动的机构。电影胶片放映时，要求胶片放映是间歇的而且需要停留一段时间，这样播放的电影画面才是连续的。小女孩滑雪的场景（图 4-4-1a）其实是一帧一帧播放出来的（图 4-4-1b），只是时间的间隔很短。凸轮机构能满足这样的要求吗？该选用什么机构实现呢？

a) b)

图 4-4-1

课堂练习

观察如图 4-4-2 所示的电影放映机中的槽轮机构，结合实际，简述间歇运动机构的运动特点。

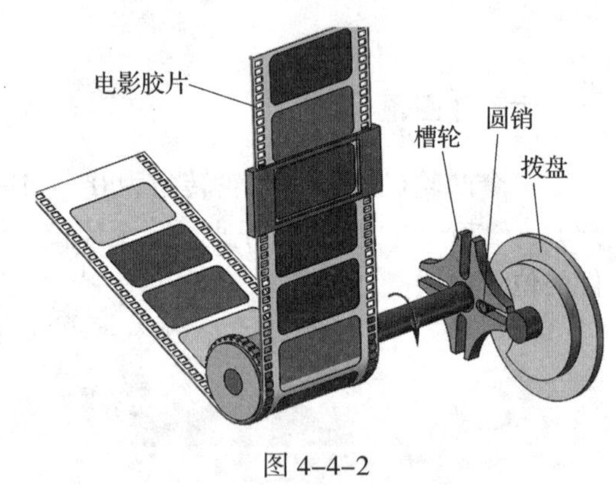

图 4-4-2

学习巩固

一、选择题（将正确答案的代号填写在括号内）

1．自行车后轴上的飞轮实际上就是一个（　　）机构。

A．棘轮　　B．槽轮　　C．凸轮

2．在双圆销外啮合槽轮机构中，曲柄每旋转一周，槽轮运动（　　）次。

A．1　　B．2　　C．4

3．电影放映机的卷片装置采用的是（　　）机构。

A．凸轮　　B．棘轮　　C．槽轮

4．（　　）棘轮机构可使从动件实现双向间歇运动。

A．双动式　　B．可变向　　C．摩擦式

5．槽轮机构中，槽轮与主动杆转向相同的是（　　）槽轮机构。

A．内啮合　　B．外啮合　　C．两者均可

二、判断题（正确的打“√”，错误的打“×”）

1．棘轮机构中的棘轮是具有齿形表面的轮子。（　　）

2．棘爪每往复运动一次推过的棘轮齿数与棘轮的转角大小有关。（　　）

3．棘轮机构中必须要有止回棘爪。（　　）

4．槽轮机构中，槽轮是主动件。（　　）

5．槽轮机构与棘轮机构一样，可方便地调节槽轮转角的大小。（　　）

6．槽轮机构与棘轮机构相比运动平稳性较差。（　　）

三、填空题（将正确答案填写在横线上）

1．__________和__________属于间歇运动机构，间隙运动机构是指________做连续运动而________做间歇运动的机构。

2．棘轮机构通常由____________来驱动。棘轮有__________和__________两种。

3．槽轮机构主要由带圆销的__________、__________和__________等组成。

4．槽轮机构分为____________槽轮机构和________槽轮机构。

四、术语解释

棘轮机构

五、简答题

拆卸自行车后轴上的飞轮机构，简述其内部结构。

第5章 机械传动

§5-1 带 传 动

学习引导

如图 5-1-1 所示，跑步机作为一种体育器材，已进入人们的日常生活。想一想，人为什么能在跑步机上跑步呢?

图 5-1-1

课堂练习

1. 请说明图 5-1-2 所示各传动带的类型。

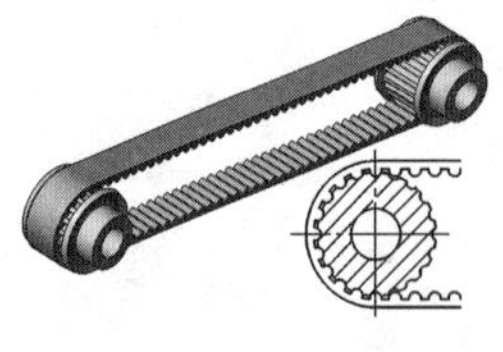

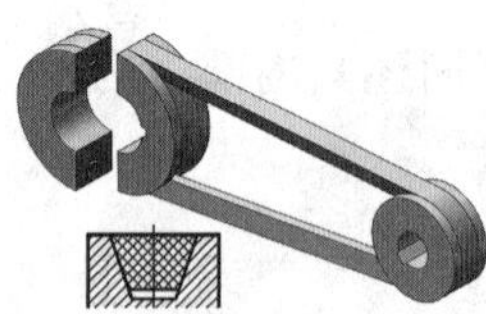

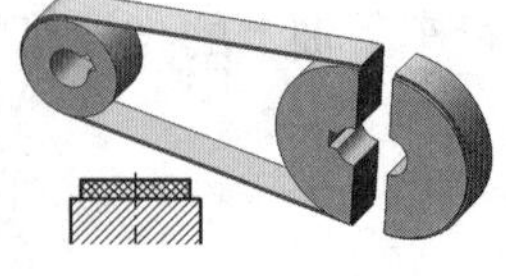

______________ ______________ ______________

图 5-1-2

2. 请在图 5–1–3 上标出两带轮的中心距、基准直径和包角。

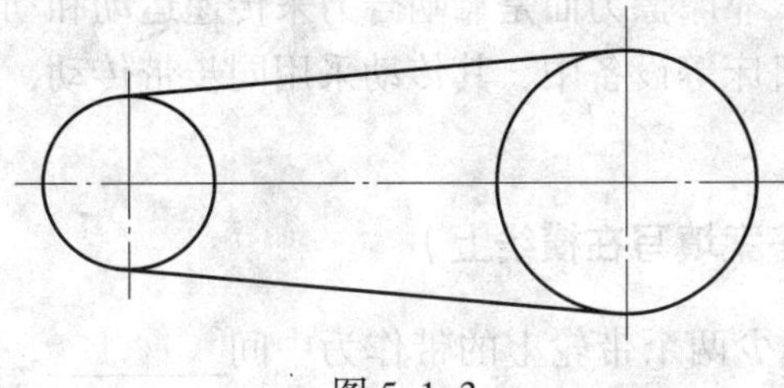

图 5–1–3

学习巩固

一、选择题（将正确答案的代号填写在括号内）

1. 在一般机械传动中，应用最广的带传动是（　　）。

A. 平带传动　　B. 普通 V 带传动　　C. 同步带传动

2. 普通 V 带的横截面形状为（　　）。

A. 矩形　　B. 圆形　　C. 等腰梯形

3. 按国家标准，普通 V 带有（　　）种型号。

A. 六　　B. 七　　C. 八

4. 在相同的条件下，普通 V 带横截面尺寸（　　），其传递的功率也（　　）。

A. 越小　越大　　B. 越大　越小　　C. 越大　越大

5. 普通 V 带的楔角为（　　）。

A. 36°　　B. 38°　　C. 40°

6.（　　）结构用于基准直径较小的带轮。

A. 实心式　　B. 孔板式　　C. 轮辐式

7. 在 V 带传动中，带的根数是由所传递的（　　）大小确定的。

A. 速度　　B. 功率　　C. 转速

8.（　　）传动具有传动比准确的特点。

A. 普通 V 带　　B. 窄 V 带　　C. 同步带

二、判断题（正确的打“√”，错误的打“×”）

1. V 带传动不能保证准确的传动比。（　　）
2. V 带工作时，带应与带轮槽底面相接触。（　　）
3. 在带传动中，带轮基准直径越小，传动时带在带轮上的弯曲变形越严重。（　　）
4. 普通带传动的传动比 i 一般应大于 7。（　　）
5. 为了延长传动带的使用寿命，通常尽可能地将带轮基准直径选得大些。（　　）
6. 在 V 带传动中，带速 v 过快或过慢都不利于带的传动。（　　）
7. 为了使带传动可靠，一般要求小带轮的包角 $\alpha_1 \leq 120°$。（　　）
8. V 带的根数直接影响带的传动能力，根数越多，传动功率越小。（　　）

9．同步带传动的特点之一是传动比准确。 （ ）

10．同步带传动不是依靠摩擦力而是靠啮合力来传递运动和动力的。 （ ）

11．在计算机、数控机床等设备中，其传动采用同步带传动，而不采用V带传动。

（ ）

三、填空题（将正确答案填写在横线上）

1．带传动以张紧在至少两个带轮上的带作为中间________，靠________与________接触面间产生的________来传递运动和动力。

2．带传动一般由_________、_________和_________组成。

3．根据工作原理不同，带传动分为________带传动和________带传动两大类。

4．V带是一种________接头的环形带，其工作面是与轮槽相接触的________，V带与轮槽底面________。

5．普通V带已经标准化，其横截面尺寸由小到大分为____________________七种型号。

6．普通V带带轮的常用结构有__________、__________、__________和__________四种。

7．影响带传动工作能力的因素有初拉力、带的型号、____________、____________、__________、_________和_________。

8．同步带传动是一种__________传动，依靠带内周的等距横向齿与带轮相应齿槽间的啮合传递运动和动力，兼有__________和__________的特点。

四、术语解释

1．传动比

2．带轮基准直径

3．带轮中心距

五、简答题

1．合理地选择 V 带参数将直接影响带传动的工作能力，请结合实际谈谈如何合理地选择 V 带参数。

2．如图 5–1–4 所示，同步带传动为新型带传动，请结合实际分析其应用特点。

图 5–1–4

3．实际生产中，传动带在使用一段时间后容易出现磨损，请结合所学内容谈谈其原因。

六、计算题

已知 V 带传动的主动轮基准直径 d_{d1}=120 mm，从动轮基准直径 d_{d2}=300 mm，中心距 a=800 mm。试计算传动比 i_{12}，并验算小带轮包角。

§5-2　实训环节——台钻速度的调节

课堂练习

1．V 带在轮槽中应有正确的位置，请说明图 5-2-1 中哪种情况是正确的。

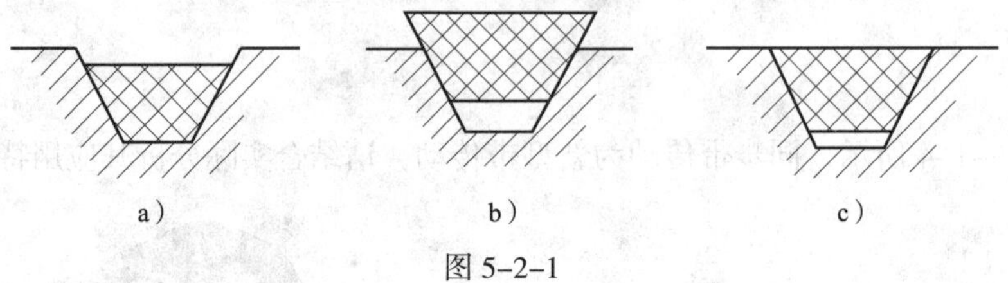

图 5-2-1

2．图 5-2-2 所示为 V 带传动常用的张紧方法，为何 V 带要张紧？台钻是通过哪种方法来保证 V 带张紧的？

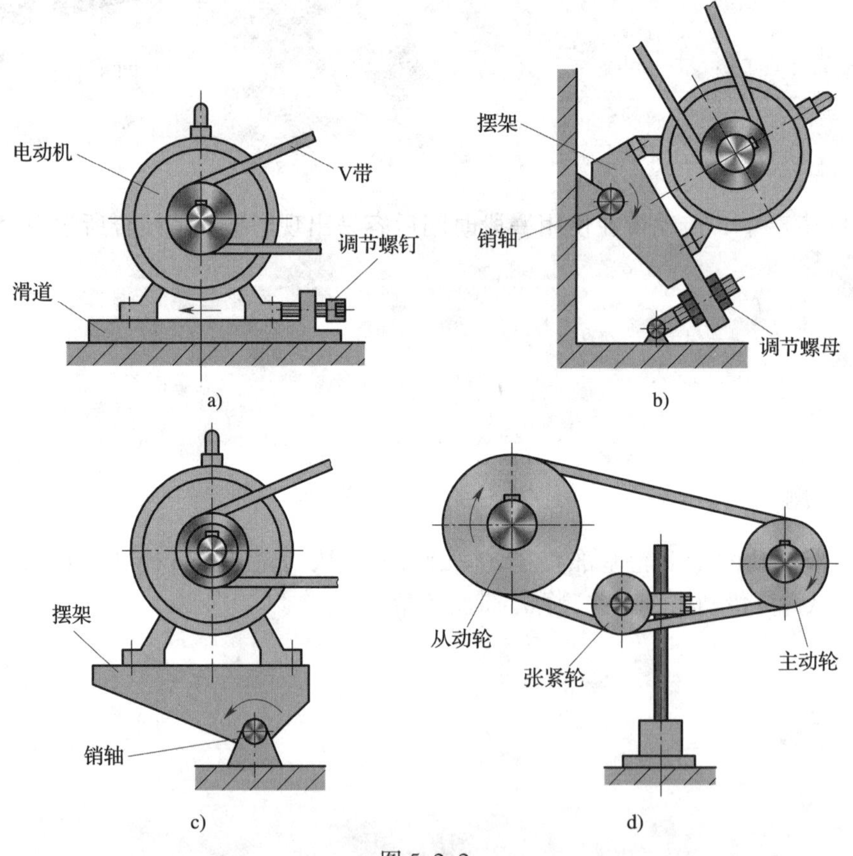

图 5-2-2

学习巩固

一、选择题（将正确答案的代号填写在括号内）

1．台钻有五级钻速，V 带在塔轮最下面位置时，转速（　　）。

A．最低　　　　B．最高　　　　C．中等

2．装好 V 带后，要检查带的松紧程度是否合适，一般应以拇指按下带（　　）mm 为宜。

A．5　　　　B．15　　　　C．20

3．V 带在轮槽中安装时，底面与槽底间应（　　）。

A．贴紧　　　　B．有一定间隙　　　　C．有较大间隙

二、判断题（正确的打“√”，错误的打“×”）

1．调整台钻速度时，与主轴相连的带轮为主动轮。（　　）

2．台钻速度由低向高调整时，主动轮的直径变大，从动轮的直径变小。（　　）

3．台钻速度由低向高调整时，要先调整主动轮，后调整从动轮。（　　）

4．调整台钻 V 带的张紧力时，移动的是主轴。（　　）

5．用锤子直接敲击电动机安装块时，要先垫一木块。（　　）

三、填空题（将正确答案填写在横线上）

1．台钻的不同转速是依靠改变__________在两个____________中的位置而获得的。

2．台钻在使用时，需根据__________及__________的不同对速度进行调整。

3．V 带传动常用的张紧方法有____________________和____________________。

四、简答题

1．从高向低调节台钻速度时，为什么要先调节主动轮？

2．V 带传动中，当采用张紧轮张紧 V 带时，为什么要将张紧轮置于松边内侧且靠近大带轮处？

3．在调节台钻速度时应注意哪些问题？

§5-3 链 传 动

学习引导

如图 5-3-1 所示，建筑用夯土机通过带传动来传递运动和动力，想一想，我们用来代步的工具——摩托车是采用什么传动方式来传递运动和动力的？请结合实际谈谈链传动的原理及特点。

a) b)

图 5-3-1

a）建筑用夯土机 b）摩托车

课堂练习

1．图 5-3-2 所示的链传动分别属于何种类型？有何特点？

____________ ____________ ____________

图 5-3-2

2．已知链传动的平均传动比 $i_{12}=3$，小链轮齿数 $z_1=11$，大链轮转速 $n_2=100$ r/min，则大链轮齿数 z_2 及小链轮转速 n_1 各是多少？

学习巩固

一、选择题（将正确答案的代号填写在括号内）

1．要求传动平稳性好、传动速度高、噪声较小时，宜选用（　　）。

A．套筒滚子链　　B．齿形链　　C．多排链

2．两轴中心距较大，且在低速、重载和高温等不良环境下工作时，宜选用（　　）。

A．带传动　　B．链传动　　C．齿轮传动

3．（　　）主要用于传递力，起牵引、悬挂物品的作用。

A．传动链　　B．输送链　　C．起重链

4．一般链传动的传动比 $i \leqslant$（　　）。

A．6　　B．8　　C．10

5．两链轮的转动平面应在同一平面内，两轴线必须（　　）。

A．平行　　B．垂直　　C．相交

二、判断题（正确的打“√”，错误的打“×”）

1．与带传动相比，链传动的传动效率较高。（　　）

2．选用链传动时，在满足传递功率的前提下，应选用小节距的多排链。（　　）

3．链节数在选用时应尽量取偶数，以避免使用过渡链节。（　　）

4．链传动在倾斜布置时，应使其松边在上，紧边在下。（　　）

5．在链传动的使用中应合理地确定润滑方式和润滑剂种类。（　　）

三、填空题（将正确答案填写在横线上）

1．链传动机构是由________、________、________组成的，通过链轮________与________的啮合来传递________和________。

2．链传动按用途可分为__________、__________和__________。

3．链轮在轴上必须保证________和________固定，最好成________布置，否则易引起__________和产生__________。

4．套筒滚子链的接头形式有__________和__________两种。

四、术语解释

1. 链传动的传动比

2. 节距

五、简答题

1. 通过拆装自行车的链条，了解其基本结构并总结在安装中应注意的问题。

2. 链传动的类型很多，请列举出两个日常生活中常见的链传动实例。

§5-4 螺旋传动

学习引导

观察图 5-4-1 中的管子台虎钳和水龙头，它们都带有螺纹。判断它们的螺纹属于哪种类型，说明各自的螺纹起什么作用。

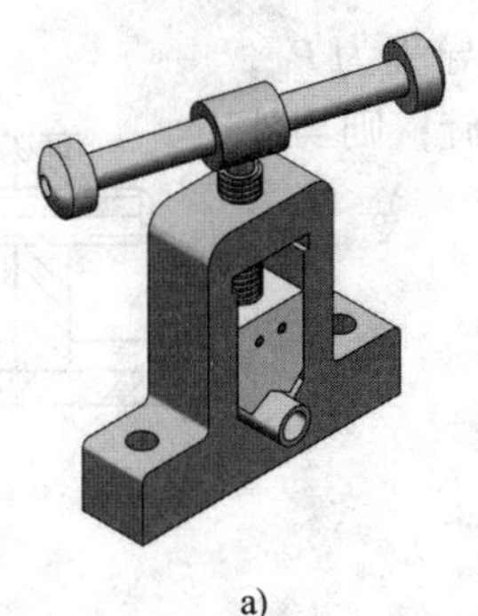

a)

b)

图 5–4–1

a）管子台虎钳　b）水龙头

学习巩固

一、选择题（将正确答案的代号填写在括号内）

1. 一个螺杆回转、螺母移动的螺旋传动装置，螺杆为双线螺纹，导程为 12 mm，当螺杆转两周后，螺母位移量为（　　）mm。

A．12　　B．24　　C．48

2. 普通螺旋传动中，从动件直线移动方向与（　　）有关。

A．螺纹的回转方向

B．螺纹的旋向

C．螺纹的回转方向和螺纹的旋向

3.（　　）具有传动效率高、传动精度高、摩擦损失小、寿命长的优点。

A．普通螺旋传动　　B．滚珠螺旋传动　　C．差动螺旋传动

4.（　　）多用于车辆转向机构及对传动精度要求较高的场合。

A．滚珠螺旋传动　　B．差动螺旋传动　　C．普通螺旋传动

5. 车床床鞍的移动采用了（　　）的传动形式。

A．螺母固定不动，螺杆回转并做直线运动

B．螺杆固定不动，螺母回转并做直线运动

C．螺杆回转，螺母移动

6. 观察镜的螺旋调整装置采用的是（　　）的传动形式。

A．螺母固定不动，螺杆回转并做直线运动

B．螺母回转，螺杆做直线运动

C．螺杆回转，螺母移动

7. 机床进给机构若采用双线螺纹，螺距为 4 mm，假设螺杆转 4 周，则螺母（刀具）的位移量是（　　）mm。

A．4　　B．16　　C．32

8．图 5–4–2 所示螺旋传动机构中，a 处螺纹导程为 P_{ha}，b 处螺纹导程为 P_{hb}，且 $P_{ha}>P_{hb}$，螺纹旋向均为右旋，则当件 1 按图示方向旋转一周时，件 2 的运动情况是（　　）。

A．向右移动（$P_{ha}-P_{hb}$）

B．向左移动（$P_{ha}-P_{hb}$）

C．向左移动（$P_{ha}+P_{hb}$）

a　2　b　1

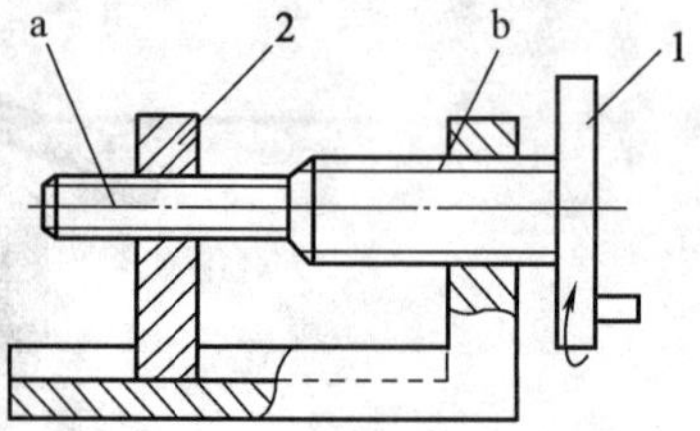

图 5–4–2

二、判断题（正确的打“√”，错误的打“×”）

1．滚珠螺旋传动把滑动摩擦变成了滚动摩擦，具有传动效率高、传动精度高、工作寿命长等特点，适用于对传动精度要求较高的场合。（　　）

2．旋向相同的差动螺旋传动是指螺杆上两段螺纹旋向相同而螺距不同的差动螺旋传动。（　　）

3．螺旋传动常将主动件的匀速直线运动转变为从动件的匀速回转运动。（　　）

4．在普通螺旋传动中，从动件的直线移动方向不仅与主动件转向有关，还与螺纹的旋向有关。（　　）

三、填空题（将正确答案填写在横线上）

1．螺旋传动具有________、________、________和________等优点，广泛应用于各种机械和仪器中。

2．螺旋传动的常见形式有________、________和________。

3．差动螺旋传动中，活动螺母可以产生________的位移，因此可以方便地实现________调节。

4．滚珠螺旋传动主要由________、________、________和________组成。

四、术语解释

1．普通螺旋传动

2．差动螺旋传动

五、计算题

1．一个普通螺旋传动机构，双线螺杆驱动螺母做直线运动，螺距为 6 mm。试问：

（1）螺杆转两周时，螺母的移动距离为多少？

（2）螺杆转速为 25 r/min 时，螺母的移动速度为多少？

2．如图 5–4–2 所示差动螺旋传动机构，螺旋副 a：P_{ha}=2 mm，左旋；螺旋副 b：P_{hb}=2.5 mm，左旋。试问：

（1）当螺杆按图示转向转动 0.5 周时，活动螺母 2 相对导轨移动多少距离？其方向如何？

（2）若螺旋副 b 改为右旋，当螺杆按图示转向转动 0.5 周时，活动螺母 2 相对导轨移动多少距离？其方向如何？

3．有一个单线螺旋传动机构，螺距为 6 mm。试问：

（1）欲使螺母移动 0.24 mm，则螺杆应转多少周？

（2）若螺杆端部装有刻度盘，欲使螺母移动 0.05 mm，刻度盘转过一格，则这刻度盘圆周应均匀刻成多少格？

§5–5 齿 轮 传 动

学习引导

齿轮传动是机器中传递运动和动力的主要形式之一。在日常生活中我们经常看到它的应用，除了如图 5–5–1 所示的机械表、削铅笔器和计数器外，你还能说出两个生活中应用了齿轮传动的实例吗？

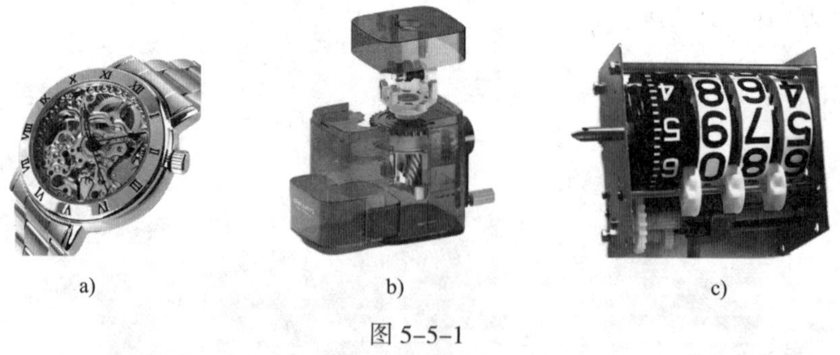

a)　　b)　　c)

图 5–5–1

a）机械表　b）削铅笔器　c）计数器

课堂练习

1. 请说出如图 5-5-2 所示齿轮传动的类型及其应用。

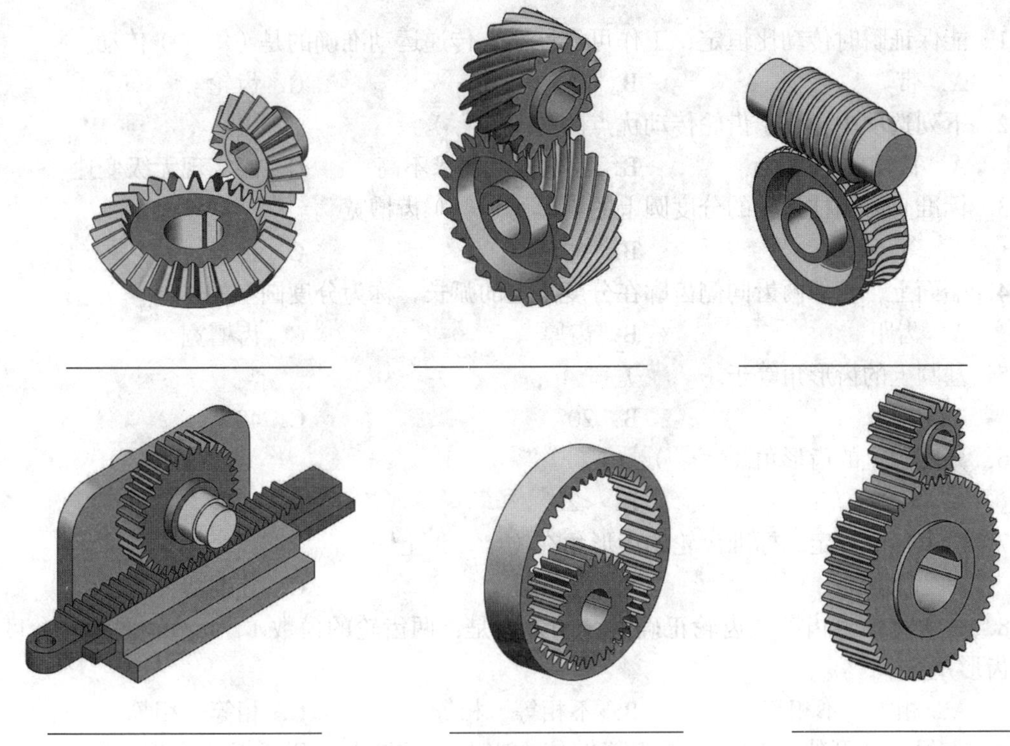

图 5-5-2

2. 一对齿轮的齿轮传动机构中，主动轮齿数 z_1=20，从动轮齿数 z_2=50，主动轮转速 n_1=1 000 r/min。试计算传动比和从动轮转速。

3. 一对外啮合标准直齿圆柱齿轮的齿轮传动机构中，主动轮转速 n_1=1 500 r/min，从动轮转速 n_2=500 r/min，两齿轮齿数之和（z_1+z_2）为 120，模数 m=4 mm。试计算两齿轮的齿数 z_1、z_2 和中心距 a。

学习巩固

一、选择题（将正确答案的代号填写在括号内）

1. 能保证瞬时传动比恒定，工作可靠性高，传递运动准确的是（　　）传动。

A．带　　B．链　　C．齿轮

2. 下列选项中，属于齿轮传动优点的是（　　）。

A．传动效率高　　B．齿轮安装要求不高　　C．能实现无级变速

3. 标准直齿圆柱齿轮的分度圆上的齿厚（　　）齿槽宽。

A．等于　　B．大于　　C．小于

4. 端面上，相邻两齿同侧齿廓在分度圆上的弧长，称为分度圆上的（　　）。

A．齿距　　B．齿厚　　C．齿槽宽

5. 基圆上的齿形角等于（　　）。

A．0°　　B．20°　　C．40°

6. 分度圆上的齿形角（　　）。

A．>20°　　B．<20°　　C．=20°

7. 国家标准规定，标准齿轮的齿形角在（　　）上。

A．齿顶圆　　B．齿根圆　　C．分度圆

8. 一对标准直齿圆柱齿轮正确啮合的条件是：两齿轮的模数（　　），两齿轮分度圆上的齿形角（　　）。

A．相等　不相等　　B．不相等　相等　　C．相等　相等

9. 为保证渐开线齿轮中的轮齿能够依次啮合，不发生卡死或者冲击现象，两齿轮的（　　）必须相等。

A．基圆齿距　　B．分度圆直径　　C．齿顶圆直径

10. 渐开线齿轮的模数和齿距的关系为（　　）。

A．$m=\frac{\pi}{p}$　　B．$m=\pi p$　　C．$m=\frac{p}{\pi}$

11. 用范成法加工齿轮时，利用（　　）能连续切削，而且生产效率较高。

A．齿轮插刀　　B．齿条插刀　　C．齿轮滚刀

12. 标准齿轮是否发生根切取决于齿数的多少。因此，标准齿轮欲避免根切，其齿数 z 必须（　　）不根切的最小齿数 $z_{\min}$。

A．大于或等于　　B．等于　　C．小于或等于

13. 齿轮传动时，接触表面裂纹扩展使表层上小块金属脱落形成麻点和斑坑，这种现象称为（　　）；较软轮齿的表面金属被熔焊在另一轮齿的齿面上形成沟痕，这种现象称为（　　）。

A．齿面点蚀　　B．齿面磨损　　C．齿面胶合

14. 在（　　）齿轮传动中，容易发生齿面磨损。

A．开式　　B．闭式　　C．开式与闭式

15. 选择适当的模数和齿宽，是防止（　　）的措施之一。

A．齿面点蚀　　　　　　B．齿面磨损　　　　　　C．轮齿折断

16．提高直齿圆柱齿轮齿根弯曲疲劳强度的措施是（　　）。

A．适当减小齿宽　　　　B．减小齿轮模数　　　　C．采用较大的变位系数

二、判断题（正确的打“√”，错误的打“×”）

1．齿轮传动的传动比是指主动轮转速与从动轮转速之比，与其齿数成正比。（　　）

2．齿轮传动的瞬时传动比恒定，工作可靠性高，运转过程中没有振动、冲击和噪声，所以应用广泛。（　　）

3．模数反映了齿轮轮齿的大小，齿数相等的齿轮，模数越大，轮齿越大，齿轮承载能力越强。（　　）

4．成形法加工齿轮方法简单，无须使用专用机床，但生产效率低，加工精度差。（　　）

5．齿轮传动的失效，主要是轮齿的失效。（　　）

6．点蚀多发生在靠近节线的齿根面上。（　　）

7．轮齿折断是开式传动和软齿面闭式传动的主要失效形式之一。（　　）

8．适当提高齿面硬度，可以有效地防止或减缓齿面点蚀、齿面磨损、齿面胶合和轮齿折断等。（　　）

9．尽量避免频繁启动和过载是防止齿面磨损的有效措施之一。（　　）

10．瞬时传动比变化越小，齿轮传动越平稳。（　　）

11．直齿圆柱齿轮的齿面接触疲劳强度取决于大齿轮的直径或中心距的大小。（　　）

三、填空题（将正确答案填写在横线上）

1．齿轮传动是利用________来传递________和________的一种机械运动，齿轮传动属于________传动。

2．齿轮传动与带传动、链传动、摩擦传动相比，具有功率范围__________，传动效率________，传动比________，使用寿命________等一系列特点，所以在机器中有着广泛的应用。

3．按轮齿的方向分类，齿轮传动可分为________圆柱齿轮传动、____________圆柱齿轮传动和人字齿圆柱齿轮传动。

4．齿数相同的齿轮，模数越大，齿轮尺寸__________，轮齿承载能力__________。

5．渐开线齿廓上各点的齿形角__________，离基圆越远的点，齿形角越________，基圆上的齿形角等于________。

6．国家标准规定：正常齿的齿顶高系数 =________。

7．模数已经标准化，在标准模数系列表中选取模数时，应优先采用________系列的法向模数。

8．成形法是用渐开线齿形的__________直接切出齿形。常用的刀具有____________和____________。

9．齿轮传动过程中，常见的失效形式有________、________、________、________和________等。

10．减轻齿面磨损的方法主要有：提高____________，减小____________，采用合适的材料组合以及改善润滑条件和工作条件等。

11．根据齿轮的使用要求，齿轮的精度由____________、____________、____________和____________四方面组成。

四、术语解释

1．齿形角

2．范成法

3．根切

4．变位齿轮

5．齿面胶合

6．齿轮副的侧隙

7．齿面接触疲劳强度

8．齿根弯曲疲劳强度

五、简答题

1．结合生产实际，说明车床主轴箱或汽车变速器中的齿轮类型。

2．图 5–5–3 所示为齿轮加工中的何种现象？为什么会产生这种现象？应如何避免？

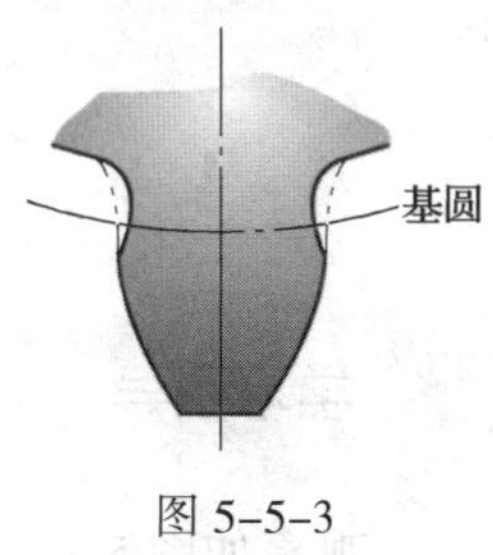

图 5–5–3

3．到汽车修理厂或工厂机修车间观察已更换下来的旧齿轮，判断它属于哪种失效形式，并确定它是机器哪个部位的齿轮。

4．渐开线齿轮常用的切齿方法有成形法和范成法，图 5–5–4 所示的切齿方法是哪种方法？试述其特点。

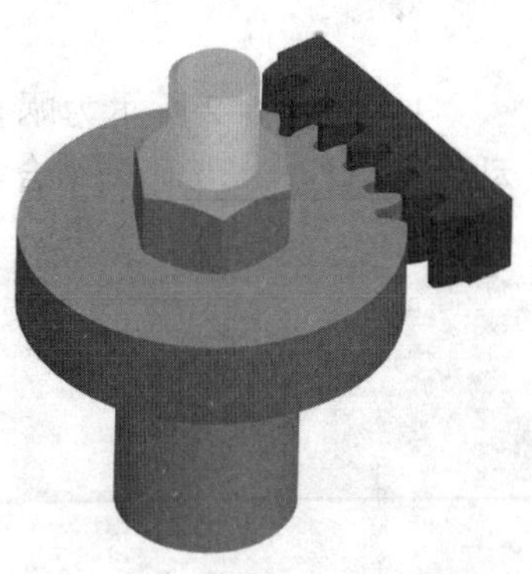

图 5–5–4

六、计算题

机床因超负荷将一对啮合的标准直齿圆柱齿轮打坏，现仅测得其中一个齿轮的齿顶圆半径为 48 mm，齿根圆半径为 41.25 mm，两轴承孔中心距为 135 mm。试求两标准直齿圆柱齿轮的齿数和模数。

§5–6 蜗 杆 传 动

学习引导

观察如图 5–6–1 所示两种传动设备的运转情况以及其内部的传动装置，想一想，这些传动装置有何相同点？与之前所学的带传动、链传动和齿轮传动等有什么区别？

a) 　　b)

图 5–6–1

课堂练习

1. 图 5–6–2 所示为蜗杆传动的示意图，其中，1 是__________，2 是__________，主动件是__________。请结合实际，思考蜗杆传动为何不能用齿轮传动来代替。

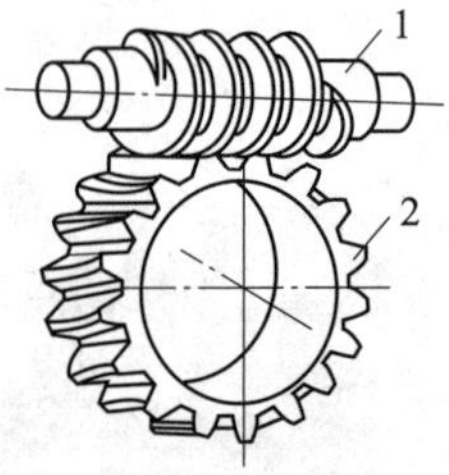

图 5–6–2

2. 仔细观察并判断如图 5–6–3 所示两蜗杆是否有区别。

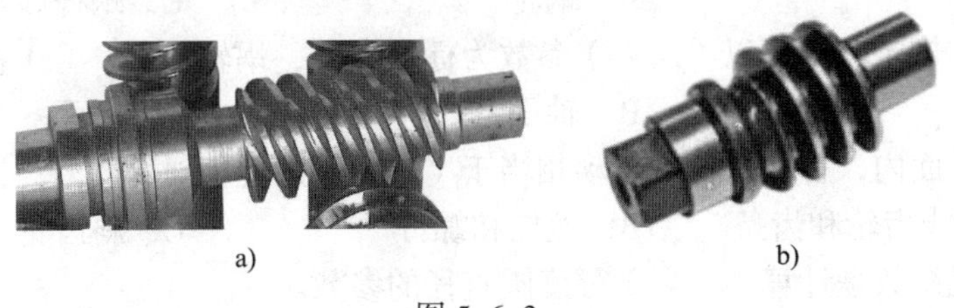

图 5–6–3

3. 试判断图 5–6–4 中各蜗轮、蜗杆的回转方向或螺旋方向。

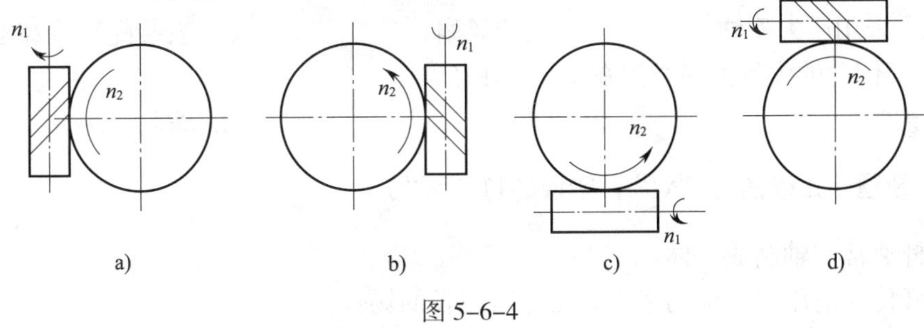

图 5–6–4

4. 已知蜗杆传动中，蜗杆头数 z_1=3，转速 n=1 380 r/min。若蜗轮齿数 z_2=69，则蜗轮转速是多少？若蜗轮转速 n=45 r/min，则蜗轮齿数是多少？

学习巩固

一、选择题（将正确答案的代号填写在括号内）

1. 在圆柱蜗杆传动中，（　　）因为加工和测量方便，所以应用广泛。
   A. 阿基米德蜗杆　　B. 渐开线蜗杆　　C. 法向直廓蜗杆
2. 蜗杆传动中，蜗杆与蜗轮轴线在空间一般交错成（　　）。
   A. 30°　　B. 60°　　C. 90°
3. 与齿轮传动相比，蜗杆传动具有（　　）等优点。
   A. 传递功率大、效率高　　B. 材料便宜、互换性好　　C. 传动比大、平稳无噪声

4. 蜗杆传动的齿间发热量较大，所以（　　）常用减磨材料制造，以减小磨损。

A. 蜗杆　　B. 蜗轮　　C. 蜗杆和蜗轮

5. 国家标准规定，蜗杆以（　　）参数为标准参数，蜗轮以（　　）参数为标准参数。

A. 端面　　B. 轴面　　C. 法面

6. 在中间平面内，普通蜗杆的传动相当于（　　）的传动。

A. 渐开线齿轮和齿条　　B. 丝杠和螺母　　C. 斜齿轮

7. 蜗杆直径系数是计算（　　）分度圆直径的参数。

A. 蜗杆　　B. 蜗轮　　C. 蜗杆和蜗轮

8. 在生产中，为使刀具标准化，限制蜗轮滚刀数目，国家规定了（　　）。

A. 蜗杆直径系数　　B. 模数　　C. 导程角

9. 在蜗杆传动中，几何参数及尺寸计算均以（　　）为准。

A. 垂直平面　　B. 中间平面　　C. 法向平面

10. 为提高蜗杆传动的散热能力，可在蜗杆轴端（　　）进行散热。

A. 采用压力喷油　　B. 安装风扇　　C. 安装蛇形冷却水管

11. 蜗杆传动的失效大多发生在（　　）上。

A. 蜗杆　　B. 蜗轮　　C. 蜗轮和蜗杆

二、判断题（正确的打“√”，错误的打“×”）

1. 蜗杆通常与轴制成一体。（　　）
2. 蜗杆传动适用于传动功率大和工作时间长的场合。（　　）
3. 蜗杆传动和齿轮传动一样，其几何尺寸也以模数为主要计算参数。（　　）
4. 蜗杆分度圆导程角大小直接影响蜗杆传动效率，导程角小，传动效率高，自锁性强。（　　）
5. 在蜗杆传动中，蜗杆头数越少，越易实现自锁。（　　）
6. 蜗杆分度圆直径等于模数 m 与头数 z_1 的乘积。（　　）
7. 互相啮合的蜗杆与蜗轮，其螺旋方向相反。（　　）
8. 由于蜗杆传动中摩擦产生的热量较大，因此闭式传动更易发生胶合。（　　）

三、填空题（将正确答案填写在横线上）

1. 蜗杆传动主要用于传递空间________两轴间的________和________。
2. 蜗杆按形状分为________、________和________三种。
3. 蜗杆传动的主要参数有模数、齿形角、________、________、________、________以及蜗杆头数和蜗轮齿数。
4. 蜗杆头数 z_1 主要根据蜗杆传动的________和________来选定。
5. 在蜗杆传动中，蜗杆分度圆导程角的大小直接影响蜗杆传动的________。
6. 蜗轮回转方向的判定不仅取决于蜗杆的________，而且取决于蜗杆的________。
7. 蜗杆传动的主要失效形式有________、________和________。
8. 在蜗杆传动中，由于摩擦产生的热量较大，因此要求有良好的润滑，其润滑方式主要有________和________。

9．蜗杆传动润滑的主要目的在于减少____________，以提高蜗杆传动的____________，防止_________及减少_______。

四、术语解释

1．中间平面

2．蜗杆分度圆导程角

五、简答题

1．在生产实践或日常生活中，寻找一个应用蜗杆传动的实例。

2．结合实际，谈谈蜗杆传动应如何进行维护。

§5-7　齿轮系与减速器

学习引导

1．通过前面的学习我们知道，机械表表针的转动是靠内部的齿轮来带动的，而且时针、分针和秒针都是按一定的规律转动的。想一想，靠一对齿轮带动能否实现这些运动？为什么？

2．机械设备在运行时要不要减速呢？为什么？

课堂练习

1．如图 5–7–1 所示定轴轮系中，已知各齿轮齿数分别为 z_1、z_2、z_2'、z_3、z_3'、z_4、z_5、z_5'、z_6，试计算其总传动比，并在图中标出各齿轮的转向。

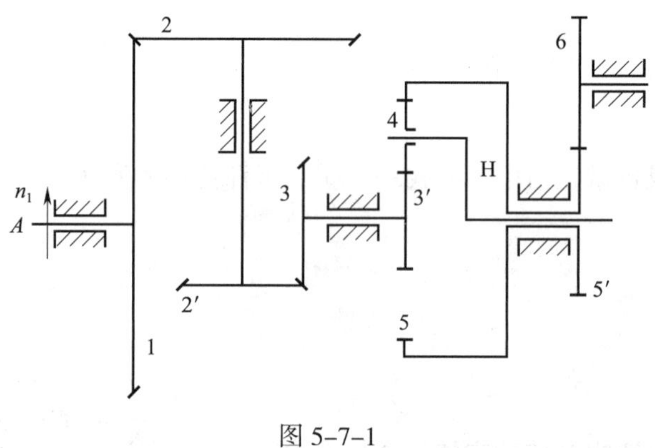

图 5–7–1

2．仔细观察如图 5–7–2 所示的定轴轮系和行星轮系，结合所学内容谈谈它们之间的区别。

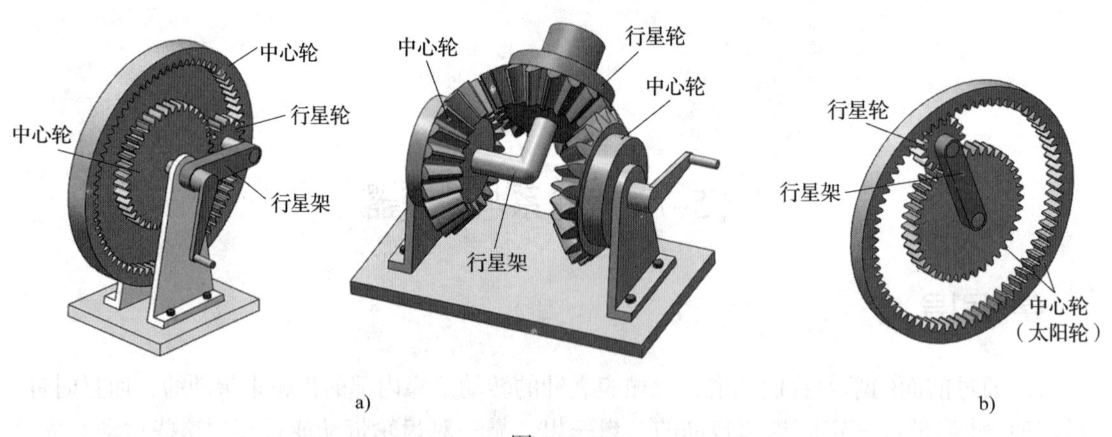

图 5–7–2

a）定轴轮系　b）行星轮系

3．如图 5–7–3 所示行星轮系中，已知各齿轮齿数分别为 z_1、z_2、z_3、z_4、z_5、z_6，试计算其总传动比，并在图中标出各齿轮的转向。

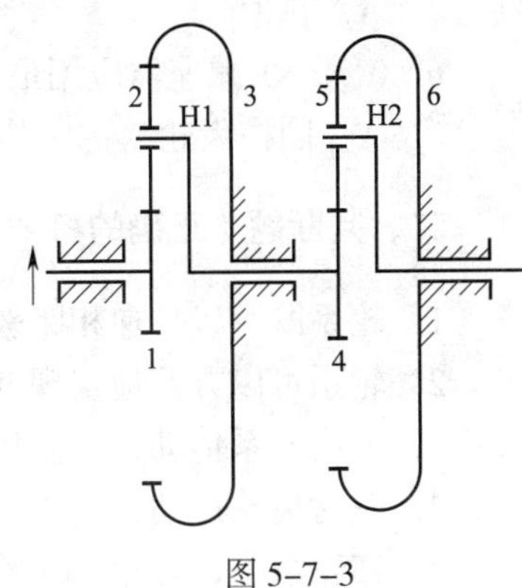

图 5–7–3

4．观察如图 5–7–4 所示的减速器并判断其类型：按传动及结构特点来分，它属于______________减速器；按减速齿轮的级数来分，它属于______________减速器。

图 5–7–4

学习巩固

一、选择题（将正确答案的代号填写在括号内）

1．在轮系中，（　　）既可以是主动轮又可以是从动轮，对总传动比没有影响，起改变齿轮副中从动轮回转方向的作用。

A．惰轮　　B．蜗轮、蜗杆　　C．锥齿轮

2．定轴轮系的传动比大小与轮系中惰轮的齿数（　　）。

A．无关　　B．有关，且成正比　　C．有关，且成反比

3．在轮系中，两齿轮间若增加（　　）个惰轮，首轮、末轮的转向相同。

A．1　　B．2　　C．4

4．轮系采用惰轮的主要目的是使机构具有（　　）功能。

A．变速　　B．变向　　C．变速和变向

5．当总传动比 i_{1k} 为（　　）时，表示首轮与末轮转向相同。

A．正值　　B．负值　　C．零

6．（　　）减速器应用最广，传递功率范围最大。

A．圆柱齿轮　　B．蜗杆　　C．行星

二、判断题（正确的打“√”，错误的打“×”）

1．轮系既可以传递相距较远的两轴之间的运动，又可以获得很大的传动比。（　　）

2．轮系可以方便地实现变速要求，但不能实现变向要求。（　　）

3．采用轮系传动，可使传动机构结构紧凑，缩小传动装置的空间，节约材料。（　　）

4．一对齿轮传动，当首轮的转向为已知时，其末轮的转向也就确定了。（　　）

5．在轮系中，首轮、末轮的转速与各自的齿数成反比。（　　）

6．在轮系中，某一个齿轮既可以是前级的从动轮，也可以是后级的主动轮。（　　）

7．行星轮系可转化为假想的定轴轮系，并且按定轴轮系的传动比计算公式求解行星轮系的传动比。（　　）

8．为了保证减速箱体的刚度，常在箱体外壁上制加强肋。（　　）

9．谐波齿轮传动的传动比要比摆线针轮行星传动的传动比大，而且结构简单。（　　）

三、填空题（将正确答案填写在横线上）

1．由一系列相互啮合的齿轮所构成的传动系统称为__________。

2．轮系按照传动时各齿轮的轴线位置是否固定分为__________、__________和__________三大类。

3．既有定轴轮系又有周转轮系的轮系称为__________。

4．采用行星轮系，可以将两个独立的运动________为一个运动，或将一个运动________为两个独立的运动。

5．定轴轮系的传动比等于__________之比，也等于该轮系中________________与________________之比。

6．在各齿轮轴线相互平行的轮系中，若齿轮的外啮合对数是偶数，则首轮与末轮的转向________；若为奇数，则首轮与末轮的转向________。

7．在轮系中，惰轮常用于传动距离________和需要改变________的场合。

8．减速器标准体系分为__________、__________、__________和__________四大类。

四、术语解释

1．定轴轮系

2. 周转轮系

3. 惰轮

五、简答题

1. 试列举出生产实践或日常生活中两个轮系应用的实例。

2. 观察车床主轴箱或汽车变速器中的轮系，分析它们属于哪种轮系类型。

3. 轮系具有哪些应用特点?

六、计算题

1. 如图 5-7-5 所示定轴轮系中，已知各齿轮的齿数分别为：z_1=15，z_2=10，z_3=45，z_4=15，z_5=10，z_6=45。试求轮系传动比 i_{16}，并用箭头在图上标明各齿轮的转动方向。

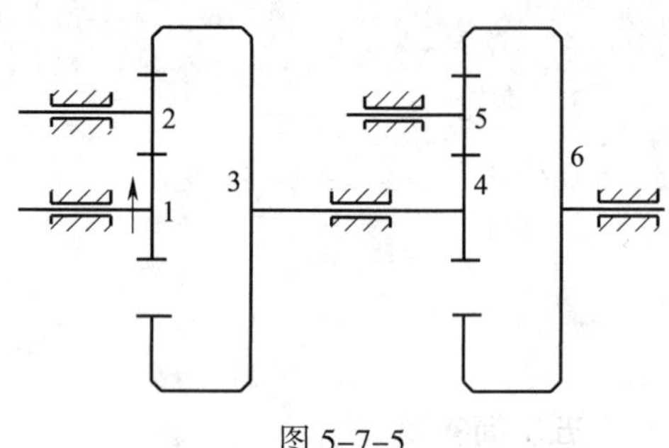

图 5-7-5

2. 如图 5-7-6 所示定轴轮系中，已知 n_1=720 r/min，各齿数分别为：z_1=20，z_2=30，z_3=15，z_4=45，z_5=15，z_6= 30，蜗杆 z_7=2，蜗轮 z_8=50。求：（1）该轮系的传动比 i_{18}；（2）蜗轮 z_8 的转速 n_8；（3）用箭头在图中标出各齿轮（蜗轮）的转动方向。

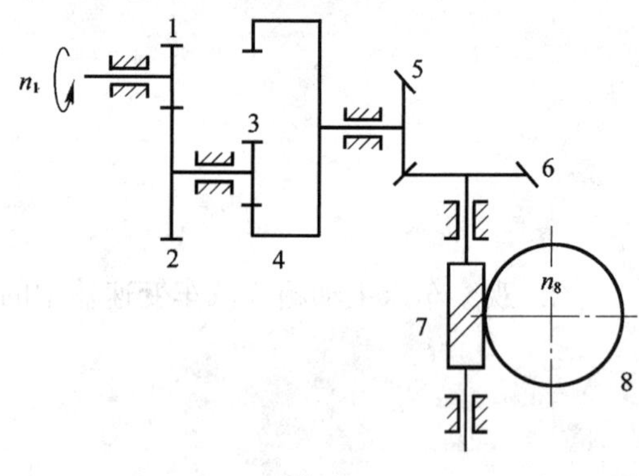

图 5-7-6

3. 如图 5-7-7 所示定轴轮系中，已知蜗杆 1 的旋向和转向，试用箭头在图上标出其余各齿轮（蜗轮）的转向。若各齿数分别为 z_1=2，z_2=40，z_3=20，z_4=60，z_5=25，z_6=50，z_7=30，z_8=45，则该轮系的传动比 i_{18} 是多少？

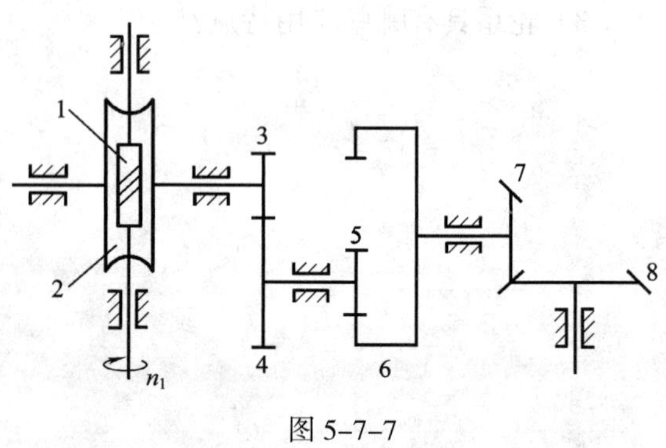

图 5-7-7

§5-8　实训环节——减速器的拆装

课堂练习

1．在拆齿轮轴时，能直接用锤子敲击吗？为什么？

2．仔细观察图 5-8-1，结合所学知识，说明在装配螺纹组时成组螺母应如何装配。

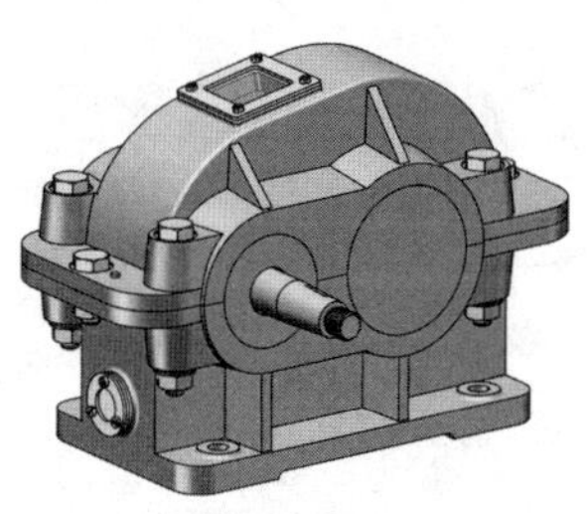

图 5-8-1

学习巩固

一、选择题（将正确答案的代号填写在括号内）

1．在进行机械拆装时，经常用（　　）对一些配合较紧的零件进行直接敲击。

A．锤子　　B．铜棒　　C．扳手

2．固定齿轮与轴的装配是（　　）。

A．间隙配合　　B．过盈配合　　C．过渡配合，有少量过盈

二、判断题（正确的打“√”，错误的打“×”）

1．装配齿轮时，一般先把齿轮装在轴上，再把齿轮轴部件装入箱体。（　　）

2．齿轮传动装配中要保证安装中心距要求。（　　）

3．齿轮侧隙过小，易产生冲击和振动。（　　）

4．清洗后的零件不宜放置时间过长。（　　）

三、简答题

1．请结合实际，简述减速器拆装的工艺过程。

2．减速器在拆装时要注意哪些方面问题?

第6章　支承零部件

§6-1　轴

学习引导

日常生活中我们经常能见到轴的应用，如图6-1-1所示。想一想，生活中还有哪些地方用到了轴？并说出轴的功用。

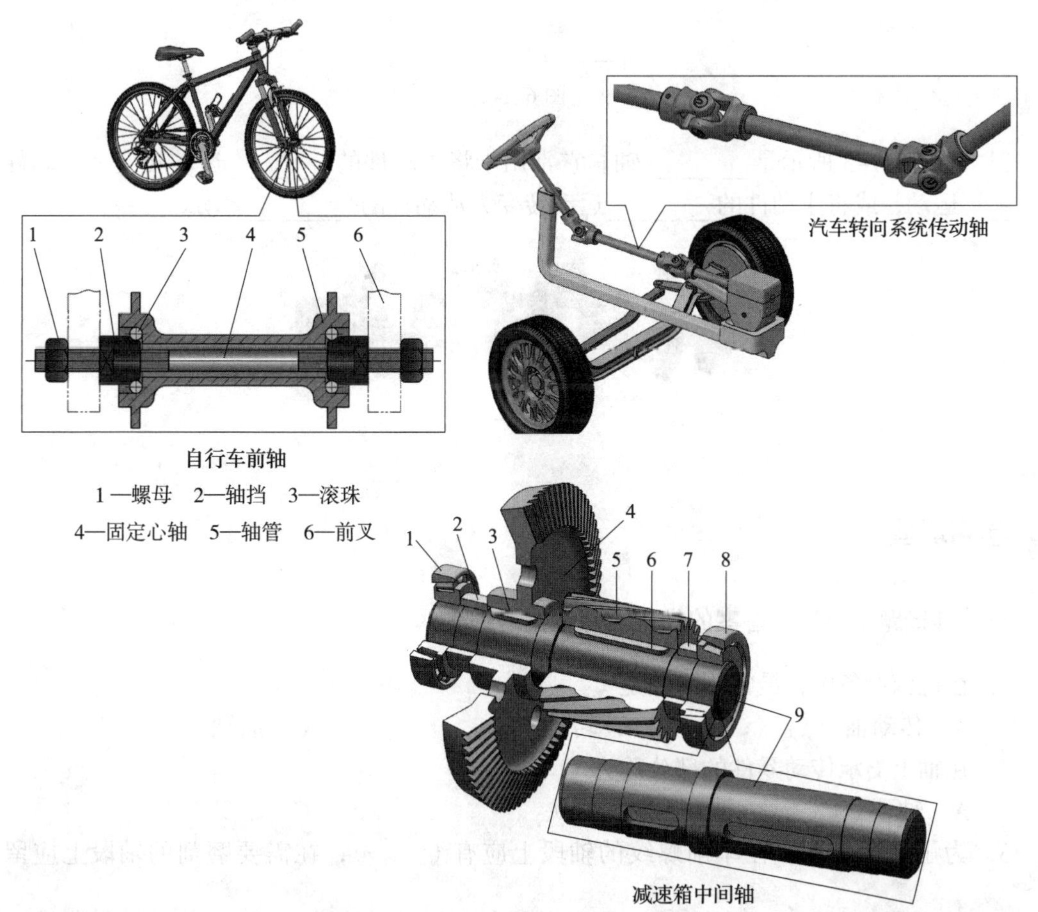

自行车前轴

1—螺母　2—轴挡　3—滚珠

4—固定心轴　5—轴管　6—前叉

减速箱中间轴

1、8—圆锥滚子轴承　2、7—轴套　3、6—键　4—锥齿轮　5—斜齿轮　9—转轴

图6-1-1

课堂练习

1．试根据如图 6–1–2 所示各直轴的承载情况，说明它们分别属于哪一类轴。

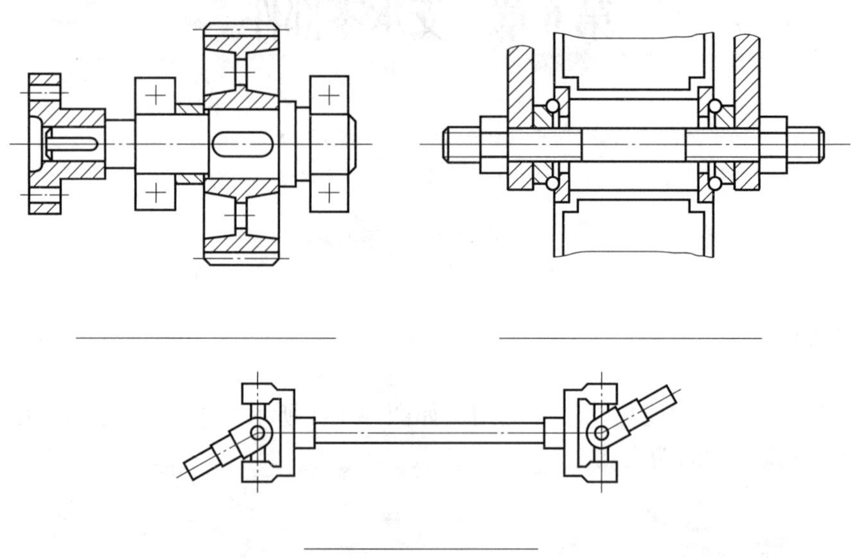

________________ ________________

____

图 6–1–2

2．如图 6–1–3 所示是________轴。它常用于将主动件的________运动转变为从动件的________运动，或将主动件的________运动转变为从动件的________运动。

图 6–1–3

学习巩固

一、选择题（将正确答案的代号填写在括号内）

1．在机床设备中，最常用的轴是（　　）。

A．传动轴　　B．转轴　　C．曲轴

2．在轴上支承传动零件的部分称为（　　）。

A．轴颈　　B．轴头　　C．轴身

3．为了便于加工，在车削螺纹的轴段上应有（　　），在需要磨削的轴段上应留出（　　）。

A．砂轮越程槽　　B．键槽　　C．螺纹退刀槽

4．轴的结构越简单，工艺性就越好，以下对轴的结构说法正确的是（　　）。

（1）轴的结构和形状应便于加工、装配和维修。

（2）台阶轴的直径应该是中间大、两端小，以便于轴上零件的装拆。

（3）轴端、轴颈与轴肩（或轴环）的过渡部位应有倒角或过渡圆角，以便于轴上零件的装拆，避免划伤配合表面，减小应力集中。倒角应尽可能半径相同，以便于加工。

A.（1）和（2）　　B.（2）和（3）　　C.（1）、（2）和（3）

二、判断题（正确的打“√”，错误的打“×”）

1．轴头是轴的两端头部的简称。（　）

2．工作时只起支承作用的轴称为传动轴。（　）

3．心轴在实际应用中都是固定的。（　）

4．轴向固定的目的是保证零件在轴上有确定的轴向位置，防止零件轴向移动，并承受轴向力。（　）

5．当轴上有两个及以上键槽时，槽宽应尽可能相同并布置在同一条母线上，目的是便于加工。（　）

6．轴端面倒角的主要作用是便于轴上零件的安装与拆卸。（　）

7．轴的抗扭强度取决于轴的材料及其组织状态、截面形状与尺寸、轴所承受的扭矩及其工作状况。（　）

8．心轴工作时承受弯矩，在一般情况下载荷方向不变，其抗弯强度取决于轴的材料及其组织状态、截面形状与尺寸、轴所承受的弯矩。（　）

三、填空题（将正确答案填写在横线上）

1．轴的主要功用是：支承__________，传递__________和__________。

2．轴一般应具有足够的__________、合理的__________和良好的__________。

3．根据轴承载情况的不同，可将直轴分为________、________和________三类。

4．对于承受不同载荷的轴，其强度计算的方法有所不同，如传动轴主要承受____________，按__________强度条件计算；心轴主要承受__________，按__________强度条件计算；转轴既承受__________，又承受__________，按__________强度条件计算。

四、术语解释

1．转轴

2．轴颈

五、简答题

1. 分析如图 6–1–4 所示传动系统，试确定图中各轴的类型并分析其所受载荷。

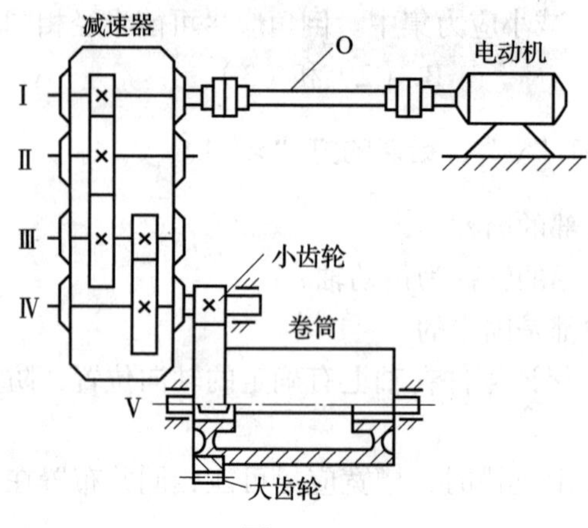

图 6–1–4

O 轴：为__________轴，承受__________载荷。

Ⅰ轴：为__________轴，承受__________载荷。

Ⅱ轴：为__________轴，承受__________载荷。

Ⅲ轴：为__________轴，承受__________载荷。

Ⅳ轴：为__________轴，承受__________载荷。

Ⅴ轴：为__________轴，承受__________载荷。

2. 试指出图 6–1–5 中结构不合理的地方，并予以改正。

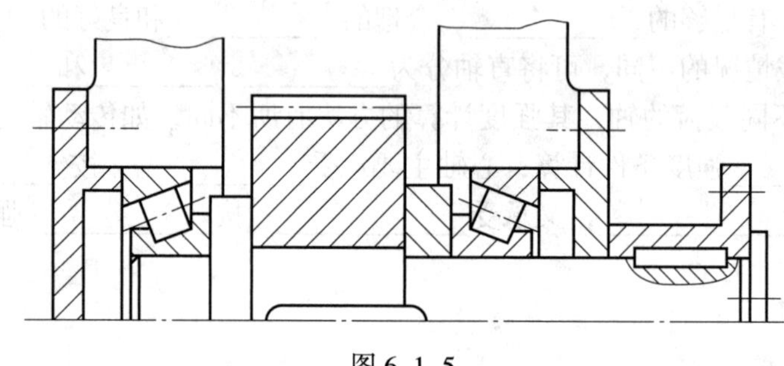

图 6–1–5

§6-2 滑动轴承

学习引导

1. 前面学习了轴的功用，那么你对支承轴回转的零件——轴承了解多少呢？如图 6-2-1 所示，在齿轮泵、直升机、风力发电机上都用到了轴承。想一想，日常生产、生活中还有哪些地方用到了轴承？

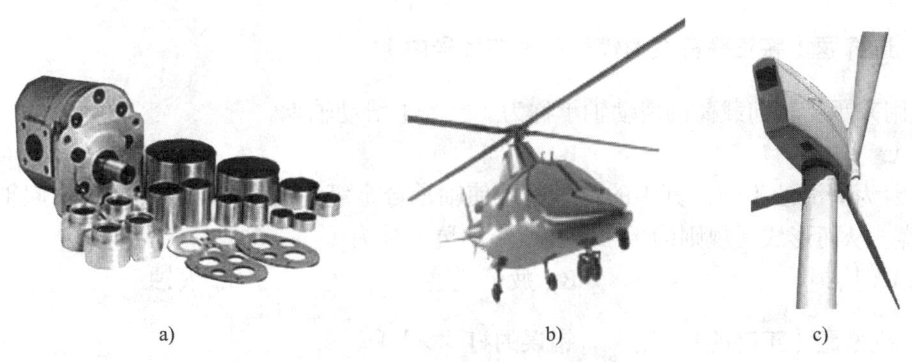

a)　　b)　　c)

图 6-2-1

a）齿轮泵　b）直升机　c）风力发电机

2. 图 6-2-2 所示为不同种类的滑动轴承，请你通过上网查询、去图书馆查询等方式找一找还有哪些种类的滑动轴承。它们都有什么特性？

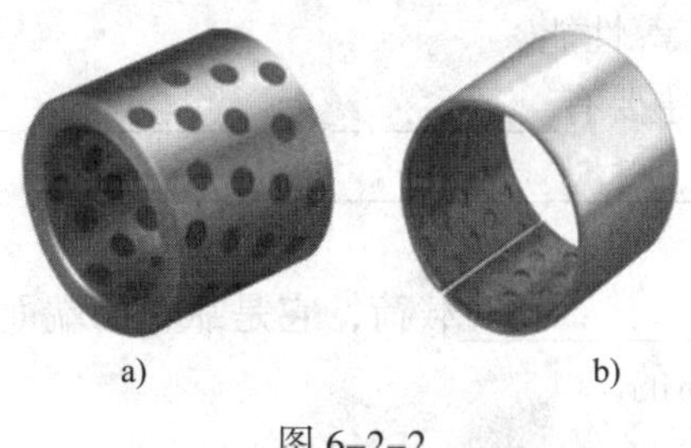

a)　　b)

图 6-2-2

课堂练习

试回答以下关于径向滑动轴承结构的问题：

（1）常用径向滑动轴承一般有___________、___________和___________三种结构形式。

（2）在上述三种结构形式中，________结构最简单；________装拆方便，应用最广泛。

（3）________轴承磨损后径向间隙无法调整；________轴承的轴瓦与轴承盖、轴承座之间为球面接触。

学习巩固

一、选择题（将正确答案的代号填写在括号内）

1. 用来承受轴向载荷的滑动轴承称为（　　）滑动轴承。

A．止推　　　　B．径向　　　　C．剖分式径向

2. 因为润滑油不纯，其中的化学物质使轴承合金氧化而生成酸性物质，引起轴承合金部分脱落，从而形成无规则的微小裂孔或小凹坑，称为（　　）。

A．磨损　　　　B．疲劳脱落　　　　C．腐蚀

二、判断题（正确的打“√”，错误的打“×”）

1. 整体式径向滑动轴承适用于轻载、低速或间歇工作的场合。（　　）
2. 常用的轴瓦材料有轴承合金、铜合金、粉末冶金、铸铁及非金属材料等。（　　）
3. 滑动轴承轴瓦上的油沟应开在承载区。（　　）
4. 轴瓦上的油沟不能开通，是为了避免润滑油从轴瓦端部大量流失。（　　）

三、填空题（将正确答案填写在横线上）

1. 滑动轴承按承载方向分为___________和___________。

2. 滑动轴承中轴瓦的材料应具有良好的________、________和抗胶合性，以及足够的________、易跑合、易加工等性能。

3. 滑动轴承的失效形式主要有_________、_________、_________和_________等。

4. 滑动轴承的轴瓦有___________和___________两种，轴瓦上有油孔和油沟，以便于给轴承______________。

5. 止推滑动轴承承受___________载荷，它是靠轴的端面或轴肩、轴环的端面向推力支承面传递___________载荷的。

四、术语解释

1. 轴瓦

2．胶合

五、简答题

在生产实践或日常生活中，寻找两个应用滑动轴承的实例。

§6-3 滚动轴承

学习引导

上一节我们已学习了滑动轴承的功用，知道轴承能支承轴及轴上零件，保持轴的旋转精度，减少转轴与支承之间的摩擦和磨损。观察如图 6-3-1 所示机器人减速机的齿轮箱以及汽车方向盘中使用的轴承，想一想，滚动轴承具有哪些特点？你还能举出其他使用滚动轴承的实例吗？

a)　　b)

图 6-3-1

a）机器人减速机的齿轮箱　b）汽车方向盘

课堂练习

1．请说明图 6–3–2 中所标序号分别表示轴承的什么结构。

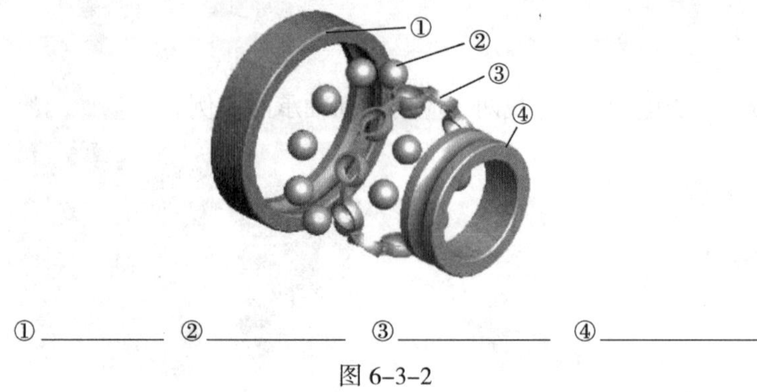

①__________ ②__________ ③__________ ④__________

图 6–3–2

2．根据所学内容，说明图 6–3–3 中各轴承的名称，并分析其受载情况。

__________ __________ __________ __________ __________

图 6–3–3

能承受轴向载荷的是：____。

能承受径向载荷的是：____。

3．针对以下特点，找出相应的轴承类型代号。

（1）主要承受径向载荷，也可承受一定轴向载荷的是（　　）。

（2）只能承受单向轴向载荷的是（　　）。

（3）可同时承受径向载荷和单向轴向载荷的是（　　）。

A．6208　　B．5108　　C．31108

学习巩固

一、选择题（将正确答案的代号填写在括号内）

1．可同时承受径向载荷和单向轴向载荷，常用于斜齿轮轴、锥齿轮轴等，一般成对使用的滚动轴承是（　　）。

A．深沟球轴承　　B．圆锥滚子轴承　　C．推力球轴承

2．适用于可能产生相当大的轴挠曲或不对中的应用场合，且能自动调心的滚动轴承是（　　）。

A．角接触球轴承　　B．调心球轴承　　C．深沟球轴承

3．主要承受径向载荷，也可承受一定的轴向载荷，主要适用于转速高、运转平稳且又无其他特殊要求场合的滚动轴承是（　　）。

A．推力球轴承　　B．圆柱滚子轴承　　C．深沟球轴承

4．通常成对使用，对称布置安装，且内、外圈可以分离的滚动轴承是（　　）。

A．圆锥滚子轴承　　B．推力球轴承　　C．圆柱滚子轴承

5．圆柱滚子轴承与深沟球轴承相比，其承载能力（　　）。

A．大　　B．小　　C．相同

6．推力球轴承的轴承类型代号是（　　）。

A．4　　B．5　　C．6

7．实际工作中，若轴的弯曲变形大，或两轴承座孔的同轴度误差较大，应选用（　　）。

A．调心球轴承　　B．推力球轴承　　C．深沟球轴承

8．工作中若滚动轴承只承受轴向载荷，则应选（　　）。

A．圆柱滚子轴承　　B．圆锥滚子轴承　　C．推力球轴承

9．斜齿轮传动中，轴的支承一般选用（　　）。

A．圆柱滚子轴承　　B．圆锥滚子轴承　　C．深沟球轴承

二、判断题（正确的打“√”，错误的打“×”）

1．轴承性能的好坏对机器的性能没有影响。（　　）

2．双向推力球轴承能承受双向径向载荷。（　　）

3．双列深沟球轴承能同时承受径向和轴向载荷。（　　）

4．角接触球轴承可承受径向和双向轴向载荷。（　　）

5．滚动轴承的基本代号表示轴承的基本类型、结构和尺寸。（　　）

6．圆锥滚子轴承 30206 比 33206 的宽度宽。（　　）

7．在满足使用要求的前提下，应尽量选用精度低、价格便宜的轴承。（　　）

8．载荷小且平稳时，可选用球轴承；载荷大且有冲击时，宜选用滚子轴承。（　　）

9．一般同型号的滚动轴承精度等级越高，其价格越贵。（　　）

三、填空题（将正确答案填写在横线上）

1．保持架的作用是分隔开________________，以减少滚动体之间的__________和________。

2．通常滚动轴承的________随着轴径旋转，而________固定在机体上。

3．常见滚动轴承的滚动体形状有________、________和________等。

4．滚动轴承代号由__________代号、__________代号和__________代号构成。其中________代号是滚动轴承代号的核心，它表示滚动轴承的________、________和________，由________代号、________代号和________代号构成。

5．在选择滚动轴承类型时，主要考虑轴承所受载荷的________、________和性质，轴承的________以及________要求。

四、术语解释

1．N105/P5

2．30213

3．6308

4．62/22

五、简答题

1．图 6–3–4 所示为滚动轴承的结构，试回答：

（1）图 a 零件的名称为________________，图 b 零件的名称为________________。

（2）同尺寸情况下，承载能力大的是________。

（3）相同条件下，极限转速高的是________。

（4）图 a 滚动体是________；图 b 滚动体是________。

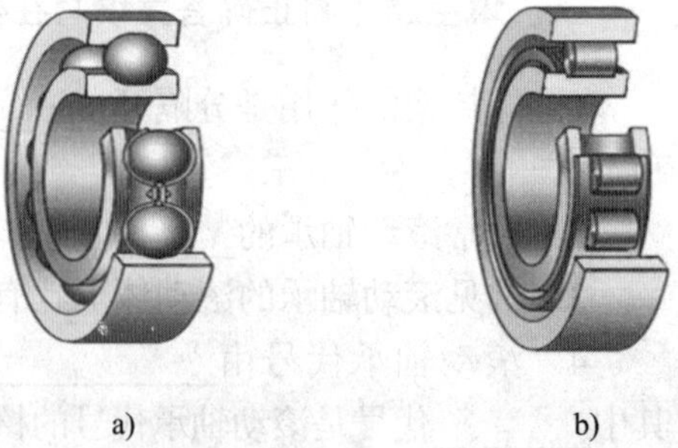

a)　　b)

图 6–3–4

2．如图 6–3–5 所示，一级减速器为斜齿轮传动，主要承受轴向载荷和少量径向载荷，为保证低速运行平稳、降低噪声，应采用哪种类型的滚动轴承？为什么？

图 6–3–5

§6–4　实训环节——齿轮轴的拆装

课堂练习

1．轴上零件的轴向固定、周向固定的目的是什么？观察轴的结构，想一想，轴上各零件分别采用了什么方法来实现轴向固定和周向固定？

2．拆装轴承与轴时，要注意哪些方面？

学习巩固

一、选择题（将正确答案的代号填写在括号内）

1．如果轴承与轴配合，在拆装时应当让轴承（　　）受力。

A．内圈　　　　B．外圈　　　　C．内、外圈

2. 能用来清洗轴承的物质有（　　）。

A. 汽油或苯等清洗液　　B. 压缩空气　　C. 煤油或柴油等清洗液

3. 角接触球轴承的公称接触角 α 有 15°、25° 和（　　）三种。

A. 35°　　B. 40°　　C. 45°

二、判断题（正确的打“√”，错误的打“×”）

1. 为了延长轴承的使用寿命，有时会在其内、外圈之间加装一个防尘盖。（　　）

2. 如果轴承与孔配合，拆装时应当让轴承内圈受力。（　　）

3. 轴承采用飞溅润滑和润滑脂润滑相结合的方式，为避免溅起的稀油冲掉润滑脂，可采用挡油环将其隔开。（　　）

三、填空题（将正确答案填写在横线上）

1. 角接触球轴承能同时承受__________________，公称接触角 α 越大，承受轴向载荷的能力________。

2. 单列角接触球轴承只能承受单向的轴向载荷，故这类轴承通常________安装。

3. 减速器的大齿轮轴主要由__________、__________、__________、__________和__________等组成。

四、简答题

总结并写出齿轮轴的拆装步骤。

第 7 章　机械的润滑、密封与安全防护

§7-1　机 械 润 滑

学习引导

车床工作一段时间后，要用油壶在车床导轨面上浇油，如图 7-1-1a 所示；汽车运行一定里程后保养时，要向发动机中添加机油，如图 7-1-1b 所示。想一想，这么做起到了什么作用？你还能举出哪些生活或生产中类似的实际应用？

a)

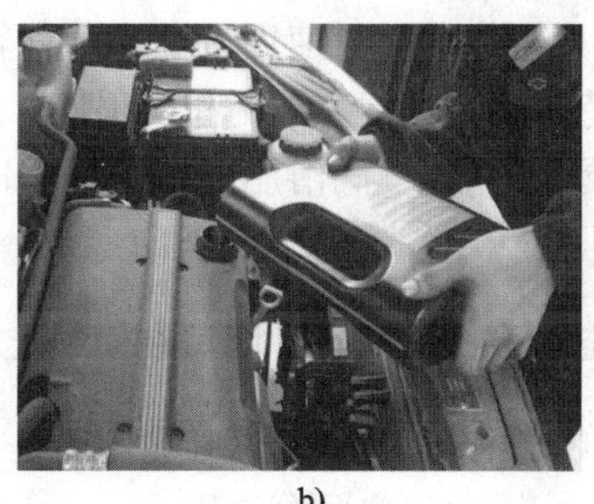
b)

图 7-1-1

课堂练习

摩托车需定期更换机油，其目的是润滑变速箱。结合日常生活中的观察，想一想，这种润滑方式属于什么润滑方式？

学习巩固

一、选择题（将正确答案的代号填写在括号内）

1．用于高速、重载机械中的滑动轴承的润滑，宜采用（　　）润滑。

A．飞溅　　　　B．油环　　　　C．压力喷油

2．链传动的润滑方式是（　　）。

A．压力喷油润滑　　　　B．滴油润滑

C．飞溅润滑　　　　D．以上都是

二、判断题（正确的打“√”，错误的打“×”）

1．载荷大或变载、有冲击载荷、加工粗糙或未经磨合的表面，宜选黏度较低的润滑油。（　　）

2．转速高时，为减少润滑油内部的摩擦损耗，宜选用黏度较低的润滑油。（　　）

3．润滑油中，使用最广泛的是矿物油。（　　）

4．开式齿轮传动一般速度较高、载荷较小、接触灰尘和水分、工作条件差且润滑油易流失。为维持润滑油膜，应采用黏度很低、防锈性好的开式齿轮油。（　　）

5．与润滑油相比，润滑脂的流动性、冷却效果都较差，但杂质易去除，因此其多应用于低、中速机械。（　　）

三、填空题（将正确答案填写在横线上）

1．在机械中加入润滑剂的主要作用是__________、__________和__________，还能起到防锈、封闭、缓冲和防振等作用。

2．常用的润滑剂有润滑油、____________、____________和____________。其中，应用最为广泛的是____________和____________。

3．油润滑方式主要有____________和____________两种。滑动轴承常用的连续供油润滑方法有__________、__________、__________、__________和__________等。

4．润滑脂的润滑方法主要有____________、____________和____________。

四、术语解释

1．润滑方法

2．连续供油润滑

五、简答题

图 7–1–2 所示为带动轧钢机运转的齿轮箱，对于这种传输扭矩大、尺寸较大的斜齿轮传动，应选用什么润滑方式对其进行润滑呢？为何要选用这种润滑方式？

图 7–1–2

§7–2 机械密封

学习引导

日常生活和生产中，经常会见到需要密封的场合，如图 7–2–1 所示的水龙头、高压锅和减速器的轴承密封等，观察其工作情况，想一想，它们是如何实现密封的？如果没有密封会出现什么情况？你还能举出哪些应用了密封的实例？它对我们的生活有什么意义？

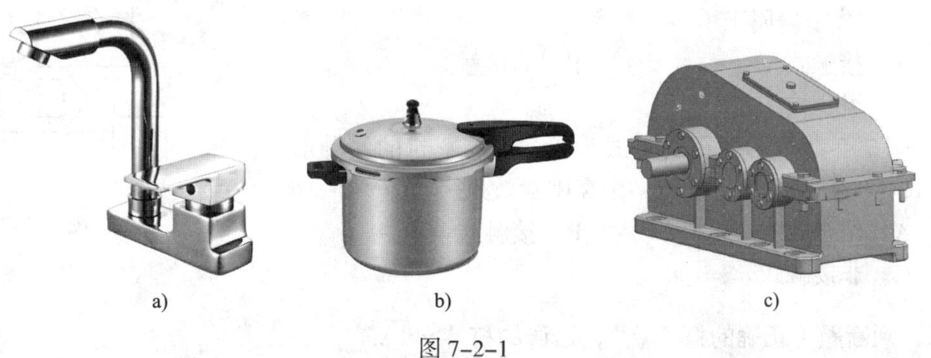

a) b) c)

图 7–2–1

a）水龙头 b）高压锅 c）减速器

课堂练习

请说明图 7–2–2 中各图所示的密封方式，并完成填空。

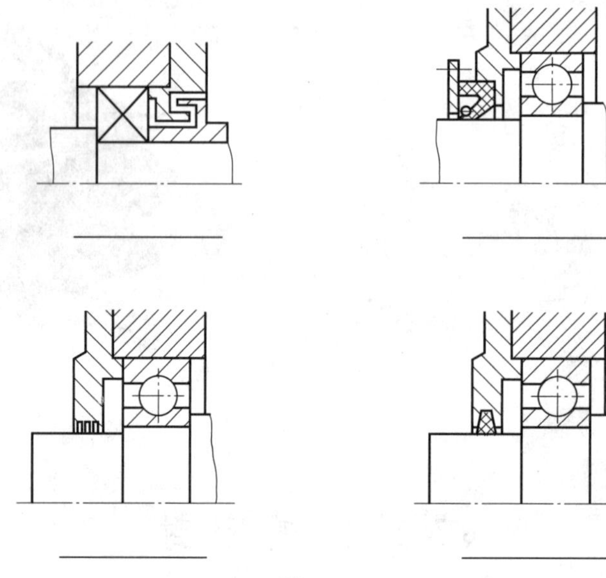

图 7–2–2

属于接触式密封的有____________；属于非接触式密封的有______________。

学习巩固

一、选择题（将正确答案的代号填写在括号内）

1．油沟式密封属于（　　）密封。

A．接触式　　　　　B．非接触式

C．组合式

2．图 7–2–3 所示的密封方式为（　　）密封的一种形式，该密封方式可充分发挥各自优点，提高密封效果。

A．组合式　　　　　B．接触式

C．非接触式

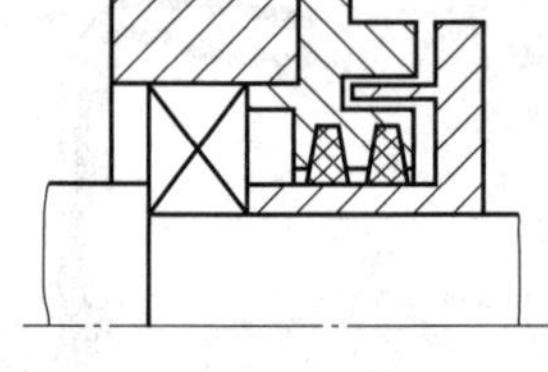

图 7–2–3

二、判断题（正确的打"√"，错误的打"×"）

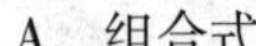

1．油沟式密封靠轴与盖间的细小环形间隙密封，间隙越小、越长，效果越好，一般间隙为 0.1 ~ 0.3 mm。（　　）

2．动密封只要求接合面间有连续闭合的压力区，虽有相对运动，但没有因密封件而带来的摩擦、磨损问题。（　　）

三、填空题（将正确答案填写在横线上）

回转轴的动密封方式有__________、__________和__________三种类型。

四、术语解释

1. 非接触式密封

2. 接触式密封

五、简答题

1. 什么是静密封？常见的静密封方式分为哪几种？

2. 什么是动密封？选择动密封件时应考虑哪些因素？

§7-3 机械安全防护

学习引导

某校学生在工厂实习过程中，把头伸进数控机床观察，由于师傅未发觉并启动了数控机床，致使一位年仅20岁的生命在顷刻间被夺去。这次事故的教训是深刻的，付出的代价是惨痛的。从这个事故当中，我们应吸取什么教训呢？在平时的生产实习过程中又应该注意什么？

课堂练习

在进实习车间前，教师要求我们必须穿工作服，佩戴安全帽，这是为什么？你还能举出哪些生产安全实例？

学习巩固

一、填空题（将正确答案填写在横线上）

1．在工业企业中，如果环境噪声持续在________dB 的水平，一般认为对听力是比较有危害的。

2．常见的危险零部件主要有______________、______________、______________、______________、______________、______________、飞轮、往复式冲压工具、蜗轮和蜗杆、旋转运动部件的凸出物等。

二、简答题

1．简述机械噪声形成的原因。在生产中，应该如何防护机械噪声？

2．分析机械伤害的成因，谈谈对个人安全防护的看法。

第8章　液压传动与气压传动

§8-1　液压传动与气压传动的工作原理

学习引导

1. 在救灾现场经常会看到消防战士用液压钳（图8-1-1a）切割障碍物救人；在一些机床加工中，油压机（图8-1-1b）利用液压传动产生较大的力对产品进行加工。想一想，在我们身边还有哪些设备利用了液压传动呢？总结它们的共同点。

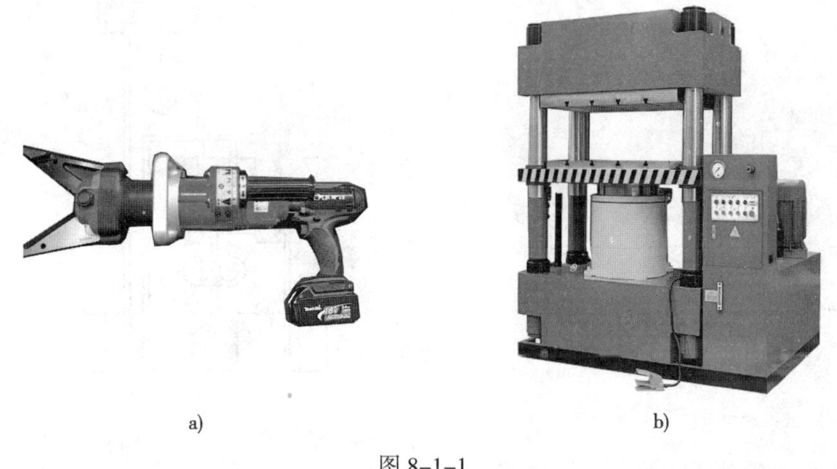

a)　b)

图8-1-1
a）液压钳　b）油压机

2. 气压传动在企业生产及日常生活中的应用越来越多，你能列举气压传动的应用实例吗？气压传动的特点是什么呢？

课堂练习

1. 利用压力、面积、作用力的关系，解释千斤顶顶起汽车的原理。

2. 图 8–1–2 所示为机床工作台的控制原理示意图，试根据控制原理示意图简述液压系统的工作原理，并分析液压系统的组成及各部分的作用。

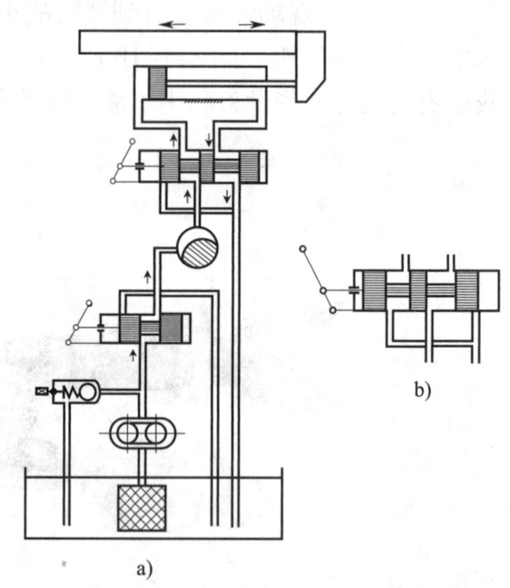

图 8–1–2

3. 图 8–1–3 所示为气动冲床的控制原理示意图，试根据控制原理示意图简述气动系统的工作原理，并分析气动系统的组成及各部分的作用。

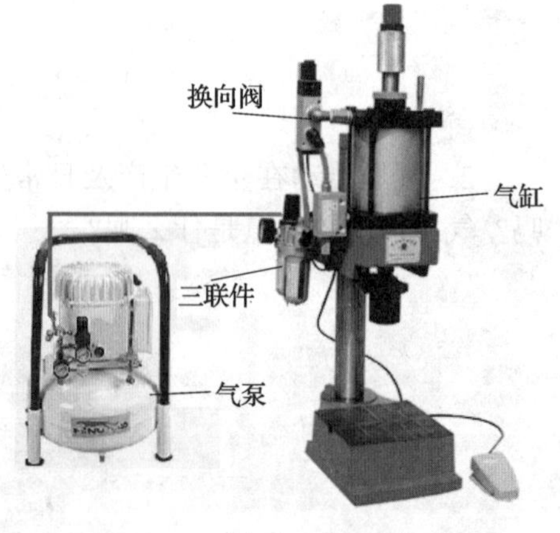

图 8–1–3

学习巩固

一、选择题（将正确答案的代号填写在括号内）

1．液压系统中，液压缸属于（　　），液压泵属于（　　）。
A．动力部分　B．执行部分　C．控制部分

2．下列液压元件中，（　　）属于控制部分，（　　）属于辅助部分。
A．油箱　B．液压马达　C．单向阀

3．液压系统中，将输入的液压能转换为机械能的元件是（　　）。
A．单向阀　B．液压缸　C．手动柱塞泵

4．液压系统中，液压泵将电动机的（　　）转换为液压油的（　　）。
A．机械能　B．电能　C．压力能

5．与机械传动、电气传动相比较，液压传动（　　）。
A．不易实现无级调速　B．故障维修困难　C．不够平稳

6．在液压千斤顶中，（　　）属于液压系统的控制部分。
A．放油阀　B．手动柱塞泵　C．油箱

7．空气压缩机是气动系统的（　　）。
A．执行元件　B．控制元件　C．气源装置

8．气压传动中，由于空气的黏度小，因此（　　）远距离输送。
A．不能　B．便于　C．只能

9．与液压传动比较，气压传动速度反应（　　）。
A．较慢　B．较快　C．时快时慢

10．气压传动利用空气压缩机使空气介质产生（　　）。
A．压力能　B．机械能　C．势能

二、判断题（正确的打“√”，错误的打“×”）

1．液压传动装置本质上是一种能量转换装置。（　　）

2．液压元件易于实现系列化、标准化、通用化。（　　）

3．辅助部分在某些液压系统中可有可无。（　　）

4．液压元件的制造精度一般要求较高。（　　）

5．液压装置易于实现过载保护。（　　）

6．液压元件动作灵敏，但液压传动有冲击，不平稳。（　　）

7．在液压传动中，泄漏会引起能量损失。（　　）

8．气压传动一般噪声较小。（　　）

9．气压传动不易实现准确定位和速度控制。（　　）

10．在机械设备中不采用气压传动。（　　）

11．气压传动输出力及工作速度调节方便，大小可无限变化。（　　）

12．气压传动不存在泄漏问题。（　　）

13．流量和压力是描述油液流动的两个主要参数。（　　）

14. 液压系统中，作用在液压缸活塞上的推力越大，活塞运动速度就越快。（　　）

三、填空题（将正确答案填写在横线上）

1. 液压传动以________作为工作介质，通过密封容积的变化来传递________，通过液压油内部的压力来传递________。

2. 液压系统除工作介质液压油外，一般由____________、____________、____________和____________四大部分组成。

3. 液压传动装置本质上是一种________转换装置，它先将________转换为便于输送的________，随后又将________转换为________。

4. 在液压传动中，为了简化原理图的绘制，系统中各元件用____________表示。

5. 气压传动的工作原理是利用空气压缩机使空气介质产生________，并在控制元件的控制下，把________能传输给执行元件，而使执行元件完成__________运动和____________运动。

6. 气动系统是以____________为工作介质来传递____________和控制信号的系统。

7. 气动系统由____________、____________、____________和____________等元件组成。

四、术语解释

1. 压力

2. 流量

五、简答题

机床进给系统、压力机一般都用液压系统，而快速打印机、食品包装自动控制系统一般都用气动系统，这是为什么？

§8-2 液压传动

学习引导

随着现代化水平的不断提高，人们的生活进入了小康阶段，高楼拔地而起，道路拓宽，挖掘机（图 8-2-1）变得较为常见。你知道挖掘机是由哪些结构组成的吗？料斗的伸出、返回以及挖掘动作的完成是依靠什么系统实现的？一台挖掘机的承载能力又是由什么系统进行调节和控制的？通过查阅相关资料，回答上述问题。

图 8-2-1

课堂练习

试根据本节所学知识，完成下表的填写。

压力控制阀	图形符号	工作特点	控制油口
溢流阀			
减压阀			

续表

压力控制阀	图形符号	工作特点	控制油口
顺序阀			

学习巩固

一、选择题（将正确答案的代号填写在括号内）

1．下列元件中，（　　）是用来控制油液流动方向的。

A．单向阀　　B．过滤器　　C．手动柱塞泵

2．液压泵能吸油、压油的根本原因在于（　　）的变化。

A．工作压力　　B．电动机转速　　C．密封容积

3．通常情形下，齿轮泵多用于（　　）系统，叶片泵多用于（　　）系统，而柱塞泵多用于（　　）系统。

A．高压　　B．中压　　C．低压

4．下列控制阀中，属于方向控制阀的是（　　）。

A．换向阀　　B．溢流阀　　C．顺序阀

5．三位四通电磁换向阀，当电磁铁断电时，阀芯处于（　　）位置。

A．左端　　B．右端　　C．中间

6．三位四通换向阀处于中间位置时，能使单活塞杆液压缸实现差动连接的中位机能是（　　）。

A．H 型　　B．Y 型　　C．P 型

7．三位四通换向阀处于中间位置时，能使液压泵卸荷的中位机能是（　　）。

A．O 型　　B．M 型　　C．Y 型

8．在（　　）的液压系统中，常采用直动式溢流阀。

A．低压、流量较小　　B．高压、大流量　　C．低压、大流量

9．当液压系统中某一分支油路压力需要低于主油路压力时，需在分支油路上安装（　　）。

A．溢流阀　　B．顺序阀　　C．减压阀

10．在液压系统中，（　　）的出油口与油箱相连。

A．溢流阀　　B．顺序阀　　C．减压阀

11．调速阀是由（　　）与（　　）串联组合而成的阀。

A．减压阀　　B．溢流阀　　C．节流阀

12．用（　　）进行调速时，会使执行元件的运动速度随着负载的变化而波动。

A．单向阀　　B．节流阀　　C．调速阀

13．下列选项中，(　　)不是油箱的作用。

A．散热　　B．分离油中杂质　　C．为液压油加压

14．为了使执行元件能在任意位置上停留，以及在停止工作时，不在受力的情况下发生移动，可以采用(　　)。

A．调压回路　　B．增压回路　　C．锁紧回路

15．下列回路中，属于方向控制回路的是(　　)。

A．卸荷回路　　B．换向回路　　C．节流调速回路

16．利用压力控制阀来调节系统或系统某一部分的压力的回路，称为(　　)。

A．压力控制回路　　B．速度控制回路　　C．换向回路

17．速度控制回路一般是通过改变进入执行元件的(　　)来实现功能的。

A．压力　　B．流量　　C．功率

18．节流调速回路采用的主要液压元件是(　　)。

A．顺序阀　　B．节流阀　　C．溢流阀

二、判断题(正确的打"√"，错误的打"×")

1．单作用式叶片泵的输出流量可以改变。(　　)

2．在机械设备中，一般采用容积式液压泵。(　　)

3．齿轮泵结构简单，不需要配流装置。(　　)

4．双作用单活塞杆液压缸两个方向所获得的推力是不相等的。(　　)

5．双作用单活塞杆液压缸中，活塞杆面积越大，活塞往复运动的速度差别越小。(　　)

6．液压系统中的液压油如果混有空气将会严重地影响工作部件的平稳性。(　　)

7．对运动平稳性要求高的液压缸常在两端装有排气塞。(　　)

8．单向阀的作用是变换液压油流动方向。(　　)

9．溢流阀通常接在液压泵出口处的油路上。(　　)

10．如果把溢流阀当作安全阀使用，则系统正常工作时，该阀处于常闭状态。(　　)

11．减压阀与溢流阀一样，出口油液压力等于零。(　　)

12．顺序阀打开后，其进油口的油液压力可允许持续升高。(　　)

13．调速阀能满足速度稳定性要求高的场合。(　　)

14．节流阀通过改变节流口的通流截面积来调节液压油流量的大小。(　　)

15．节流阀主要适用于负载较轻、速度不高或负载变化不大的液压系统。(　　)

16．在液压系统中，过滤器可以安装在液压泵的吸油管路上或液压泵的输出管路上，以及重要液压元件的后面。(　　)

17．一个复杂的液压系统是由液压泵、液压缸和各种控制阀等基本回路组成的。(　　)

18．压力阀相当于液压系统中的减压阀，起到限制系统最高压力的作用。(　　)

三、填空题(将正确答案填写在横线上)

1．液压泵是液压系统的________元件，它是把电动机或其他原动机输出的________转换成________的装置，其作用是向液压系统提供________。

2. 按照结构不同，常用的液压泵分为__________、__________和__________等；按输油方向能否改变，液压泵分为__________和__________；按输出流量能否调节，液压泵可分为__________和__________。

3. 输出流量不能调节的液压泵称为________，输出流量可调节的液压泵称为________。

4. 液压缸（或液压马达）是液压系统中的________元件，它能将________转换为直线（或旋转）运动形式的________，输出________和________。

5. 要求工作台往复运动速度和推力相等时，可采用________液压缸。

6. 根据用途和工作特点不同，控制阀分为______________、______________和______________三大类。

7. 流量控制阀主要包括________和________等。

8. 换向阀通过改变阀芯和阀体间的________来变换液压油流动的方向，________或________油路，从而控制______________的换向、启动或停止。

9. 压力控制阀用来控制液压系统中的________，或利用系统中压力的________来控制其他液压元件的动作，它是利用作用于阀芯上的________与弹簧力________的原理进行工作的。按照用途不同，压力控制阀可分为________、________和________等。

10. 减压阀在液压系统中的主要作用有：________系统某一支路的液压油压力，使同一系统有两个或多个________压力，以满足执行机构的需要。

11. 顺序阀在液压系统中的作用主要是利用液压系统中的________来控制油路的________，从而实现某些液压元件按一定的________动作。

12. 流量控制阀在液压系统中的作用是控制液压系统中液体的________。

13. 流量控制阀是通过改变节流口______________来调节通过阀口的________，从而控制执行元件________的控制阀。常用的流量控制阀有________和________等。

14. 常用的液压辅件有________、________、________、管接头和油箱等。

15. 液压基本回路按不同的功能可分为________________、________________、______________和______________四大类。

16. 压力控制回路可以实现________、________、________和________等功能。

17. 方向控制回路一般分为________和________两类。

四、术语解释

1. 中位机能

2. 换向阀的“通”

3．压力控制回路

4．方向控制回路

5．速度控制回路

五、简答题

1．机床进给系统中的速度控制功能一般通过选用调速阀实现，而不选用节流阀，为什么？

2．画出三位四通手动换向阀、先导式溢流阀和先导式顺序阀的图形符号。

3．溢流阀、减压阀和顺序阀在结构上基本相同，如果这三个阀的铭牌标识已不清楚，应如何根据阀的结构特点将这三个阀加以区分？

4．图 8–2–2 所示为双向节流调速回路，该回路采用了四个单向阀，在活塞向右和向左移动时都可以进行节流调速，试分析其工作原理。

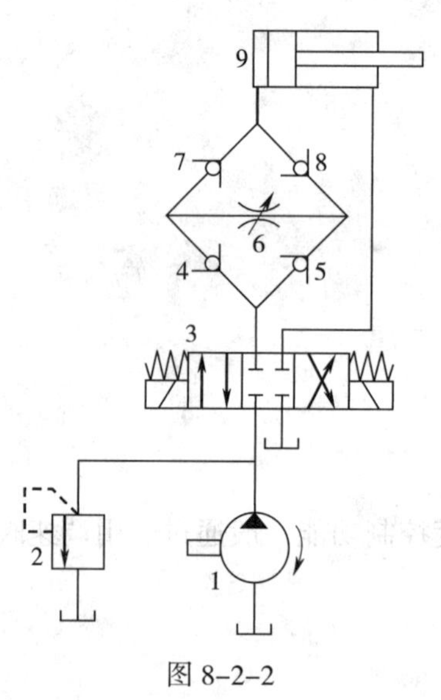

图 8–2–2

（1）该液压系统的液压泵采用________液压泵，元件 2 为________溢流阀，溢流阀阀口是常开的，系统压力由________调节并保持恒定。

（2）当三位四通电磁换向阀处于中位时，液压缸的进油路和回油路都被________，液压缸处于________状态，液压泵输出的液压油经________流回油箱。

（3）当三位四通电磁换向阀左位工作时，液压油经换向阀________、________、________、________进入液压缸________，推动活塞________移动；液压缸右腔的液压油经________流回油箱。此时，液压缸为________节流调速。

（4）当三位四通电磁换向阀右位工作时，液压油经换向阀_________进入液压缸________；液压缸左腔的液压油经________、________、________、换向阀________流回油箱。此时，液压缸为________节流调速。

5．图 8–2–3 所示为用二位二通行程换向阀控制的速度换接回路，该回路可实现液压缸活塞杆的快进、工进和快退，试分析其工作原理。

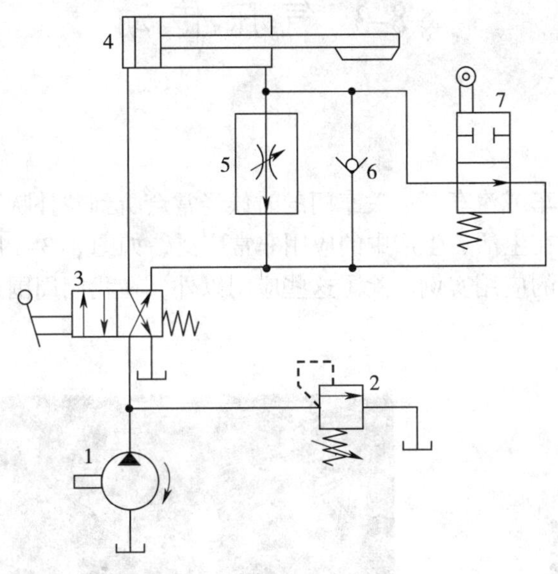

图 8–2–3

（1）扳动二位四通手动换向阀 3 的手柄并保持，使二位四通手动换向阀 3________工作。液压泵输出液压油经二位四通手动换向阀 3________进入液压缸 4 的________。液压缸右腔的液压油经二位二通行程换向阀 7________、二位四通手动换向阀________流回油箱。活塞杆实现快进。此时，负载较小，系统压力也较小，溢流阀 2 处于________状态。

（2）当活塞杆上的挡块压下二位二通行程换向阀 7 的推杆时，二位二通行程换向阀________工作，该阀处于________状态。液压缸右腔的液压油只能通过_________流回油箱，活塞运动速度转变为________。此时，负载较大，系统压力也相应提高，溢流阀 4 处于_________状态。

（3）松开二位四通手动换向阀 3 的手柄，使其处于右位时，液压油经二位四通手动换向阀________、________进入液压缸________；液压缸左腔的液压油经二位四通手动换向阀________流回油箱，活塞杆快速________。

§8-3 气压传动

学习引导

日常生活中，在火车或汽车开、关车门的时候经常会听到“扑哧”的声音，这就是气动系统的声音。气动系统在生活、生产中的应用非常广泛，如图 8-3-1 所示的气动闸门、焊接机械手等都是气动技术的应用实例。除了这些应用以外，在我们周围还有哪些设备应用了气动技术？

a)

b)

图 8-3-1

a）气动闸门　b）焊接机械手

课堂练习

根据本节所学知识，完成下表的填写。

实物图	名称	图形符号	作用

续表

实物图	名称	图形符号	作用

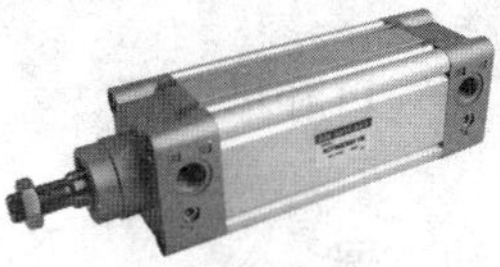			

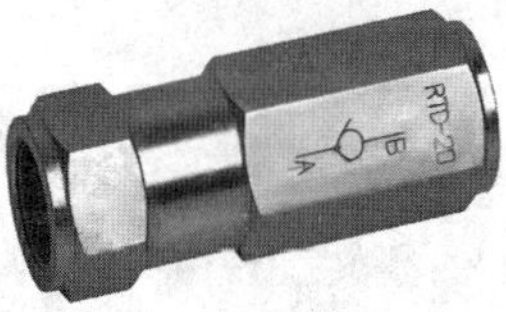			

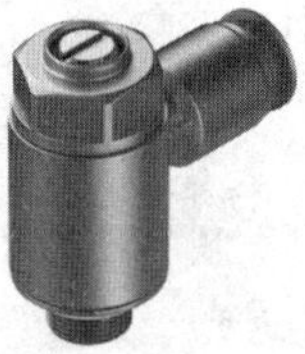			

学习巩固

一、选择题（将正确答案的代号填写在括号内）

1. 油雾器是气动系统的（　　）。

A．气源装置　　B．辅助元件　　C．控制元件

2. 可以加快气缸运动速度，安装在换向阀和气缸之间的是（　　）。

A．单向节流阀　　B．双压阀　　C．快速排气阀

3. 消声器应安装在气动装置的（　　）。

A．排气口　　B．进气口　　C．排气口和进气口

4. 图形符号[符号]代表（　　）。

A．消声器　　B．储气罐　　C．油雾器

5. 图形符号[符号]代表（　　）。

A．过滤器　　B．油雾分离器　　C．油雾器

6. 图形符号[符号]代表（　　）。

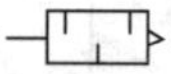

A．消声器　　B．排气节流阀　　C．单向节流阀

二、判断题（正确的打“√”，错误的打“×”）

1. 气压传动中所使用的执行元件气缸常用于实现直线往复运动。（　　）
2. 气动马达的作用相当于电动机或液压马达。（　　）
3. 经调压阀后输出的系统压力相对较稳定，压力波动值不大。（　　）
4. 储气罐中的空气压力一般比设备所需的压力要高些。（　　）
5. 单向节流阀使得压缩空气只能单方向通过。（　　）

三、填空题（将正确答案填写在横线上）

1. 气动辅助元件包括__________、__________、__________、__________及__________等。

2. 气动马达是将压缩空气的压力能转换成________的能量转换装置，即输出力矩，带动机构做__________。

3. 气动控制元件可分为__________阀、__________阀和__________阀。

4. 气动系统控制回路按控制目的和功能的不同可分为__________回路、__________回路、__________回路和__________回路。

四、简答题

1. 画出气源调节装置（三联件）的图形符号，并说出各部分的作用。

2．画出常见单作用气缸及双作用气缸的图形符号。

3．根据图 8–3–2 所示气动控制系统，回答下列问题：

（1）写出各元器件的名称。

（2）分析该控制系统的基本回路。

（3）分析该控制系统回路的动作。

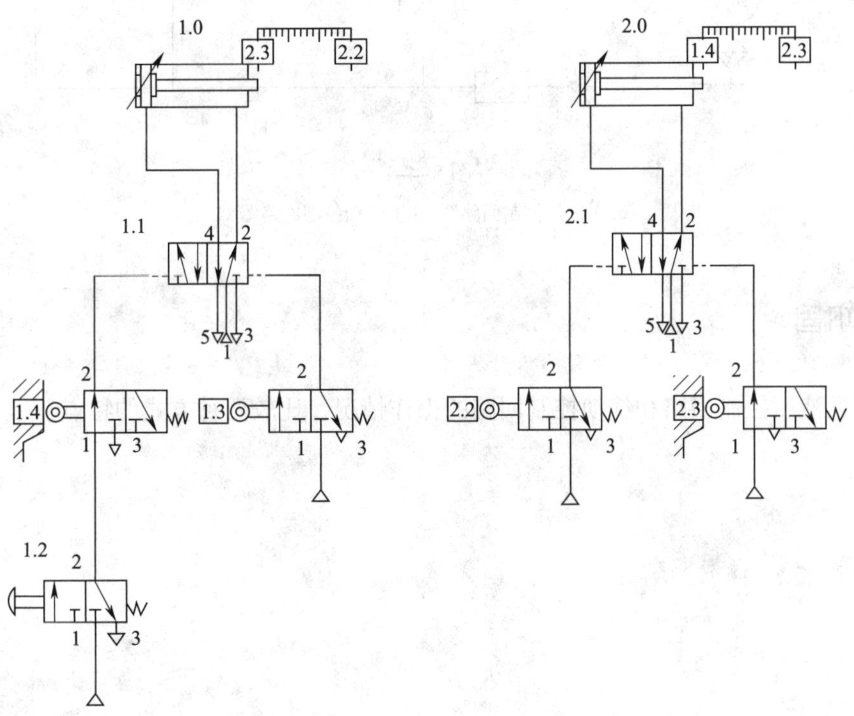

图 8–3–2

§8-4 实训环节——传动回路的搭建

课堂练习

根据图 8-4-1 所示控制回路，选出搭建该回路所需要的元器件。

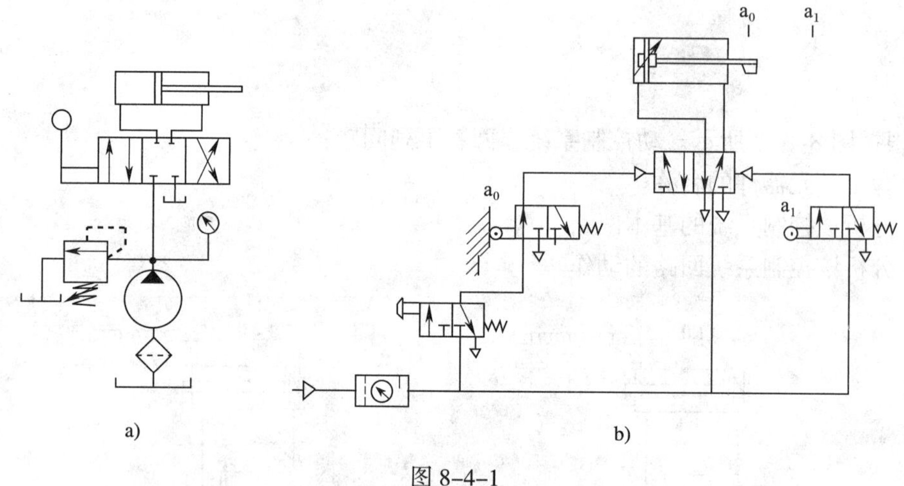

图 8-4-1

a）液压控制回路图　b）气动控制回路图

学习巩固

1. 根据液压控制回路和气动控制回路的操作情况，比较两种方式的特点。

2．总结在液压操作试验台和气动操作试验台上搭建液压控制回路和气动控制回路的操作步骤及注意事项。